U0192734

中国石油大学(北京)学术专著系列

液氮射流应用基础研究

黄中伟 杨睿月 武晓光 李 舟 著

国家杰出青年科学基金项目 "油气井流体力学与工程" (51725404)

科 学 出 版 社

北 京

内 容 简 介

本书系统介绍了液氮在石油工程领域应用的基础理论与实践，汇集了液氮在钻井与完井方面的最新研究成果。全书共七章，分别介绍液氮的基本物性及在石油工程领域的应用和压裂技术发展概况、液氮对岩石的低温致裂特征、液氮与岩石间的传热特性、液氮射流流场及破岩特征、液氮在管柱内的流动传热、液氮对生产管柱力学性能的影响、液氮压裂裂缝起裂及扩展特征等内容。

本书适合从事石油及地热钻井与完井工作的科技人员、高等院校相关专业的研究生和本科生阅读参考。

图书在版编目（CIP）数据

液氮射流应用基础研究 / 黄中伟等著. —北京：科学出版社，2022.4
（中国石油大学（北京）学术专著系列）
ISBN 978-7-03-071730-6

Ⅰ. ①液… Ⅱ. ①黄… Ⅲ. ①液氮-应用-石油工程-研究 Ⅳ. ①TE

中国版本图书馆CIP数据核字（2022）第037493号

责任编辑：万群霞 崔元春 / 责任校对：樊雅琼
责任印制：吴兆东 / 封面设计：无极书装

科学出版社 出版
北京东黄城根北街 16 号
邮政编码：100717
http://www.sciencep.com
北京建宏印刷有限公司 印刷
科学出版社发行 各地新华书店经销

＊

2022 年 4 月第 一 版 开本：720 × 1000 1/16
2022 年 10 月第二次印刷 印张：15
字数：296 000
定价：198.00 元
（如有印装质量问题，我社负责调换）

丛 书 序

科技立则民族立，科技强则国家强。党的十九届五中全会提出了坚持创新在我国现代化建设全局中的核心地位，把科技自立自强作为国家发展的战略支撑。高校作为国家创新体系的重要组成部分，是基础研究的主力军和重大科技突破的生力军，肩负着科技报国、科技强国的历史使命。

中国石油大学(北京)作为高水平行业领军研究型大学，自成立起就坚持把科技创新作为学校发展的不竭动力，把服务国家战略需求作为最高追求。无论是建校之初为国找油、向科学进军的壮志豪情，还是师生在一次次石油会战中献智献力、艰辛探索的不懈奋斗；无论是跋涉大漠、戈壁、荒原，还是走向海外，挺进深海、深地，学校科技工作的每一个足印，都彰显着"国之所需，校之所重"的价值追求，一批能源领域国家重大工程和国之重器上都有我校的贡献。

当前，世界正经历百年未有之大变局，新一轮科技革命和产业变革蓬勃兴起，"双碳"目标下我国经济社会发展全面绿色转型，能源行业正朝着清洁化、低碳化、智能化、电气化等方向发展升级。面对新的战略机遇，作为深耕能源领域的行业特色型高校，中国石油大学(北京)必须牢记"国之大者"，精准对接国家战略目标和任务。一方面要"强优"，坚定不移地开展石油天然气关键核心技术攻坚，立足油气、做强油气；另一方面要"拓新"，在学科交叉、人才培养和科技创新等方面巩固提升、深化改革、战略突破，全力打造能源领域重要人才中心和创新高地。

为弘扬科学精神，积淀学术财富，学校专门建立学术专著出版基金，出版了一批学术价值高、富有创新性和先进性的学术著作，充分展现了学校科技工作者在相关领域前沿科学研究中的成就和水平，彰显了学校服务国家重大战略的实绩与贡献，在学术传承、学术交流和学术传播上发挥了重要作用。

科技成果需要传承，科技事业需要赓续。在奋进能源领域特色鲜明、世界一流研究型大学的新征程中，我们谋划出版新一批学术专著，期待我校广大专家学者继续坚持"四个面向",坚决扛起保障国家能源资源安全、服务建设科技强国的时代使命,努力把科研成果写在祖国大地上,为国家实现高水平科技自立自强,端稳能源的"饭碗"做出更大贡献,奋力谱写科技报国新篇章!

中国石油大学(北京)校长

2021 年 11 月 1 日

序

我国低渗透非常规油气资源储量丰富，但是大部分只有经过储层改造才能进行有效开发。目前普遍采用水力压裂对储层进行"密切割"改造，面临起裂压力高、造缝难度大、水资源浪费、储层伤害严重、返排液污染环境等难题。同时，地热资源开发中，深部地热储层普遍岩体坚硬，具有高温、高地应力、高闭合压力等特点，给钻井与完井带来了更大的挑战，亟须探索一种新型建井造储技术。

液氮具有惰性、无色、无臭、无腐蚀性、不可燃、沸点极低（常压下−196℃）的特点。液氮与储层岩石温差很大，由此引起的冷冲击作用可在岩石内部形成热应力，辅助破裂岩石，且热应力诱导微裂缝不受地应力方向控制，易于形成复杂缝网。黄中伟教授及其研究团队多年来一直从事新型射流提高钻井与完井效率的基础理论与应用研究，结合国家杰出青年科学基金、国家重点研发计划、高等学校学科创新引智计划（"111 计划"）、北京高等学校卓越青年科学家计划等研究课题，提出了液氮喷射辅助钻井和压裂新方法，通过理论分析、室内试验、数值模拟等手段，系统开展了液氮对岩石的低温致裂特征、液氮与岩石间的传热特性、液氮射流流场及破岩特征、液氮压裂裂缝起裂及扩展特征和液氮在管柱内的流动传热及其对生产管柱力学性能的影响等研究，揭示了液氮对岩石的劣化损伤机制、热-流-固多场耦合作用下的岩石破裂机理和缝网形态特征、液氮-岩石瞬态传热规律、液氮-井筒换热规律等，并提出了液氮压裂新模式。

该书所提出的液氮喷射辅助钻井和压裂新方法的理论研究较为系统，试验数据丰富可靠，为非常规油气资源及深部地热资源的高效开采提供了新思路，对拓展射流基础理论、推动新型射流辅助钻井及压裂技术进步具有重要意义。该书作为一本系统介绍液氮在石油工程中的基础理论与应用研究的专著，汇集了液氮在钻井与完井方面的最新研究成果，逻辑严谨、结构清晰，对探索并推动液氮辅助钻井和压裂技术进步具有重要意义！

李根生

中国工程院院士

2021 年 10 月

前　言

近年来探明的油气资源埋深已接近 9000m，地热资源高效开发已列入国家重点发展规划，深井岩石高温、高压、高强度等特征给钻井提速和压裂工程带来了新的艰巨挑战。在此背景下，基于前期钻井提速和水力喷射压裂技术的研究基础，将液氮作为射流介质。本书提出了液氮喷射破岩新方法，探索辅助钻井和高效无水压裂进行储层改造的可行性。

2012 年，笔者在美国科罗拉多矿业学院访学期间，受所在 FAST 团队吴玉树教授、Jennifer Misikimins 博士等研究工作的启发，2013 年申请了国家自然科学基金面上项目"液氮喷射射孔-压裂可行性实验研究"（No. 51374220），2017 年申请了国家杰出青年科学基金项目"油气井流体力学与工程"（51725404），2019 年在北京高等学校卓越青年科学家计划资助下开展"新型射流提高深部地热钻井速度基础研究"（No. BJJWZYJH01201911414038）。此外，自 2016 年以来，还得到了国家重点研发计划"政府间国际科技创新合作项目"和高等学校学科创新引智计划项目(No. B17045)等的资助，在此一并表示衷心地感谢！

液氮压裂最早于 20 世纪 90 年代尝试用于页岩及煤岩储层改造，但一直未见较系统的成果总结。在团队带头人李根生院士的指导下，本书总结了笔者团队近年来在液氮辅助钻井及压裂工程方面的阶段性研究成果。全书共分为七章：第一章概述液氮的基本物性及其在石油工程领域中的应用和压裂技术发展概况；第二章介绍液氮对岩石的低温致裂特征，为液氮钻井及压裂提供理论基础；第三章介绍液氮与岩石间的传热特性；第四章介绍液氮射流流场及破岩特征；第五章介绍液氮在管柱内的流动传热；第六章介绍液氮对生产管柱力学性能的影响；第七章介绍液氮压裂裂缝起裂及扩展特征，阐述液氮压裂机理。参与本书撰写工作的还有蔡承政副研究员、张世昆博士、张宏源博士、代献伟博士、晏鹏森硕士、黄鹏鹏博士。衷心希望拙作能给本领域同行带来有益的启发和参考！

参与本书相关研究工作的还有田守嶒教授、宋先知教授、牛继磊高级工程师、史怀忠研究员、王海柱教授、盛茂教授、张逸群副教授、李敬彬副教授、李威昌博士生、温海涛博士生、洪纯阳博士生及多名硕士研究生和本科生等，在此一并表示感谢！

由于作者水平有限，书中难免存在不足之处，恳请专家、同行和广大读者批评指正。

作　者

2021 年 9 月于中国石油大学(北京)

目　　录

第一章 绪 论

第一节 液氮的基本物性

液态氮气(简称液氮)是一种性能优越的深度制冷剂,其基本物性如表 1-1 所示。液氮无色无臭,密度和黏度均低于水,无腐蚀性,不支持燃烧,具有极强的化学惰性,一般不与其他物质发生反应。气态氮气(本书简称氮气)在空气中的体积占比达 78.03%,是大气的重要成分之一。在工业中,液氮通常采用压缩空气分馏的方法制备。将空气净化处理后,在加压和降温的环境下对其进行液化,借助空气中不同组分间的沸点差异实现液氮的分离。

表 1-1 液氮的基本物性

物性	条件	值
摩尔质量/(g/mol)		28.013
气体比重(空气=1.0)	1atm,21.1℃	0.9669
气体比容/(m³/kg)	1atm,21.1℃	0.8615
气体密度/(kg/m³)	1atm,21.1℃	1.161
	1atm,饱和状态	4.604
液态密度/(kg/m³)	1atm	808.5
临界点	临界温度/℃	−146.96
	临界压力/MPa	3.396
三相点	温度/℃	−210.00
	压力/kPa	12.52
比热容/[kJ/(kg·K)]	定压比热容(1atm,21.1℃)	1.04
	比定容热容(1atm,21.1℃)	0.743
黏度/(Pa·s)	气相(1atm,21.1℃)	1.77×10^{-5}
	液相(1atm,饱和状态)	1.52×10^{-4}
导热系数/[W/(m·K)]	气相(1atm,21.1℃)	2.54×10^{-2}
	液相(1atm,饱和状态)	1.35×10^{-1}

注:1atm 表示 1 个大气压,1atm=1.01325×10^{5}Pa。

　　具有超低温是液氮重要的物性之一。如图 1-1 所示，在一个标准大气压条件下液氮的沸点约为–196℃，临界温度约为 126K，三相点温度约为 63K。在与固体接触时，液氮与固体之间形成较高的温度梯度，诱导产生热应力，引起固体结构变形，劣化固体材料的力学性质，甚至对其造成破坏。此外，液氮易挥发，具有较强的膨胀增压作用，常压下液氮自由汽化，其体积可膨胀 696 倍。

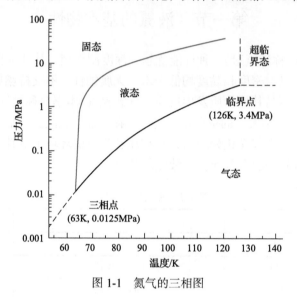

图 1-1　氮气的三相图

　　基于上述独特的物性，液氮被广泛应用于生物、医学、食品、电子以及冶金等各个工业领域当中。

　　(1)在生物技术领域，液氮常被用于各种生物组织、细胞和胚胎等样本的长期冷藏保存，利用液氮营造合理的低温环境，可延缓甚至停止生物样本的新陈代谢，从而达到生物样本长期有效保存的目的。

　　(2)在医学领域，液氮则被广泛应用于病变组织的治疗方面。在液氮超低温作用下，病变组织细胞内结冰，局部血液循环受到阻碍，同时伴随有蛋白复合物的变性，最终使病变组织坏死，达到病变组织去除和治疗的目的。

　　(3)在电子工业领域，液氮可被用作超导体的制冷剂，以液氮代替液氦作为超导制冷剂使超导技术真正走向了大规模的开发应用。此外，在集成电路的生产过程中，高纯度氮气还可被用作化学反应气的携带气、惰性保护气和封装气等。

　　(4)在食品工业领域，液氮可实现食品低温深冷的超速冷冻，使食品部分玻璃化，最大限度地"锁住"食品原本的营养成分和新鲜状态，提升了食品的品质。相对于其他冷冻技术，液氮速冻方法具有冷冻速度快、食品品质高、物料干耗小和设备成本低等优点。

　　(5)在冶金工业领域，液氮被用于进行金属材料的深冷改性处理，通过低温促使金属内残留奥氏体向马氏体转变，引导内部超细碳化物析出，提升材料的综合力学性能和使用寿命。

(6)此外，液氮还常被应用于工件切削加工领域。低温切削是利用液氮喷向加工系统的切削区域，造成切削区域局部低温或超低温状态，利用工件在低温条件下产生的脆性，提高工件的切削加工性、刀具寿命和工件表面质量。

第二节　液氮在石油工程领域的应用

在石油工程领域，氮气及液氮是两种重要的工作流体，在油气钻井、完井及地热储层的压裂改造方面具有广泛的应用。本节将重点针对液氮在钻井与完井两方面的工程应用进行介绍，以便更清晰地了解液氮在本领域的重要作用。

一、在钻井中的应用

1. 氮气钻井技术

如图 1-2 所示，氮气钻井是以氮气作为钻井循环流体的一种钻井方法，属于气体钻井技术的一个重要分支。氮气钻井对储层伤害小，有利于发现和保护油气层，增加油气产量，对于易漏失、水敏和低压地层具有良好的适用性。氮气钻井技术已在我国辽河油田、胜利油田和新疆油田的多个区块得到了广泛应用，在复杂油气层钻井提速和防漏治漏等方面发挥了不可代替的作用。

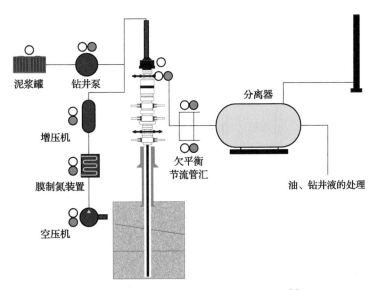

图 1-2　氮气钻井典型井场及工艺示意图[1]

相对于传统水基钻井液钻井方法，一方面，氮气钻井可在井底形成负压欠平衡，避免井底岩屑的"压持效应"和重复破碎，大幅提高机械钻速，缩短建井周期，节约钻井成本；另一方面，氮气钻井井筒压力相对较低，可有效抑制裂缝性地层钻井液的恶性漏失行为。此外，氮气惰性极强，与烃的混合物不可燃，可有效防止地面及井下燃爆发生。因此，相对于空气欠平衡钻井技术，氮气钻井技术是一种更加安全高效的钻井方式。

2. 低温钻井技术

氮气欠平衡钻井在未固结或固结程度较低的疏松地层不具备适用性。其主要原因是氮气钻井过程中井筒压力较低，井壁稳定性难以得到维持，钻井过程中会发生严重的井壁失稳和垮塌事故。另外，气体钻井过程中井底处于欠平衡状态(井筒压力低于地层孔隙压力)，地层水会大量涌入井筒，需要耗费大量的氮气对井筒内的液体进行举升和驱替，降低氮气钻井的效率。为实现未固结含水地层的安全、绿色、快速钻进，美国能源部(DOE)对多项"环境友好"的钻井技术进行了资助研究，低温钻井技术便是其中之一。

低温钻井技术起源于 20 世纪 70 年代，以低温液氮或低温氮气(简称低温氮)作为钻井循环工质进行钻井和破岩，如图 1-3 所示。在低温钻井过程中，低温氮可对井壁岩石孔隙内的流体产生冻结作用，增强井壁的固结程度和稳定性的同时，在井壁内形成一道"冰墙"，有效地解决了氮气钻井中地层流体大量涌入井筒的难题。除油气钻井领域，低温氮冻结还在矿井开挖和隧道盾构等领域有着广泛的应用，原理与低温钻井类似，故在此不再赘述。

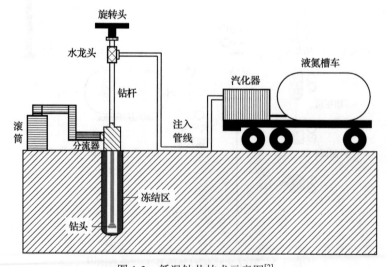

图 1-3　低温钻井技术示意图[2]

3. 高压液氮射流辅助钻井技术

深部油气及地热储层具有埋深大、岩石硬度高、研磨性强、可钻性差、温度高、裂缝发育等特点，相较于浅部地层环境更加复杂、施工难度更大，钻井钻速低、周期长、成本高等问题突出。基于这一背景，作者提出了一种利用高压液氮射流进行深钻提速的新方法[3]。该方法以低温液氮作为钻井流体，通过井底增压装置调制形成高压液氮射流，对井底岩石进行高速冲击破碎，具体实施方案如图1-4所示。通过双层隔热钻柱的绝热内管将低温液氮输运至井底，液氮经过井底高压射流发生装置增压后，高速喷射破碎岩石；钻柱绝热内管与外管间环空中通入空气，增强钻柱绝热能力，防止绝热内管液氮急剧升温汽化；空气通过井底钻柱侧向出口流出，对返流的液氮及井壁进行回温调节，防止井壁岩石过冷损伤。

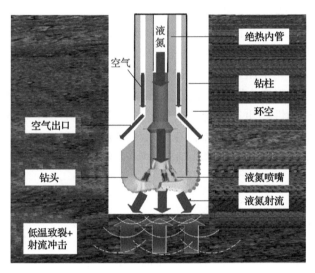

图1-4　高压液氮射流辅助钻井技术示意图

高压液氮射流辅助钻井技术目前仍处于室内研究阶段，尚未进行现场应用。该方法耦合了射流冲击和低温致裂的双重作用机制，一方面，射流冲击作为一种高效的强化传热方式，可大幅增强岩石与液氮之间的对流换热系数，提升岩石内热应力尺度及冷冲击致裂效果；另一方面，冷冲击裂缝可大幅弱化井底硬岩力学性质，降低硬岩的破碎门限压力。高压液氮射流辅助钻井有望大幅降低硬岩破碎难度，提高深井机械钻速，在深地资源高效勘探开发方面具有广泛的应用前景。

二、在完井中的应用

水力压裂是非常规油气储层改造的重要手段，然而随着人们环保意识的增强，水力压裂所面临的问题日益凸显：①水力压裂耗水量巨大，页岩气等非常规储层压裂的单井用水量达上万立方米，这使水力压裂在干旱国家和地区的作业成本陡增，很大程度上限制了水力压裂的大规模推广和应用；②压裂液中含有大量的化学添加剂，压裂过程中这些化学物质极易进入地下水层，造成地下水的污染；③非常规油气储层低孔、低渗特征明显，且黏土矿物含量普遍偏高，水力压裂可能会引起严重的水锁和水敏伤害，造成黏土矿物膨胀，堵塞孔喉，阻碍油气的流动与开采。

目前，水力压裂技术在部分国家和地区开始受到不同程度的限制。美国的佛蒙特州已正式立法禁止水力压裂在该州作业，纽约州也正在呼吁立法对水力压裂加以限制。在这种情况下，各国的技术人员都在积极研发水力压裂的替代技术，以实现非常规油气资源的绿色高效开采。在此背景下，近年来出现了多种适用于非常规油气储层的无水压裂技术，如泡沫压裂、液态二氧化碳(CO_2)压裂、液化石油气(LPG)压裂及液氮压裂技术等。

无水压裂技术的研究和应用最早可追溯至 20 世纪 70 年代，当时以氮气压裂和液态 CO_2 压裂为主。LPG 压裂技术现场应用相对较晚，在 2009 年才首次实现。相对于其余无水压裂技术，LPG 压裂液体体系成本昂贵，施工安全系数较低，因此在一定程度上限制了该方法的推广。相对于 LPG、液态 CO_2 等无水压裂技术，氮气的性能更加稳定，来源更加广泛，施工安全系数更高，因此更适合作为水基压裂液的替代流体，在无水压裂领域得到了广泛的关注和应用，并先后形成了氮气压裂、液氮伴注泡沫压裂和液氮压裂等不同形式的无水压裂技术。

1. 液氮伴注泡沫压裂

液氮伴注泡沫压裂是将液氮与冻胶液混合之后注入井内进行压裂施工的一种技术，工艺图如图 1-5 所示。压裂施工时，由于液氮会汽化，与压裂液中的发泡剂等聚合物混合形成泡沫，降低液体压裂的密度，提高液体的返排速率。相对于常规水基压裂液，液氮伴注泡沫压裂液具有滤失小、造缝能力强、裂缝穿透深度大等优势，可有效提升裂缝尺度，增强裂缝的导流能力。另外，由于液氮伴注泡沫压裂液中液相较少，加之氮气在井下的膨胀增压作用，可有效实现井下压裂液的增能，有利于压裂液的返排，可减少压裂液返排不彻底对地层造成的二次污染。

液氮伴注泡沫压裂的主要技术特点如下[4]。

(1)压裂液黏度高(一般大于 50mPa·s)，液体滤失量小，具有良好的携砂性能，支撑剂的沉降速度仅为常规水基压裂液的 1%～10%。

(2)摩阻损失小，较清水压裂液的摩阻降低 40%～60%，有利于提升压裂效率，增大人工裂缝的长度。

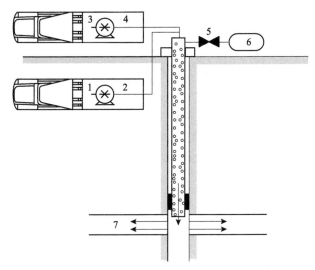

图 1-5 液氮伴注泡沫压裂工艺示意图

1-液氮车；2-液氮泵；3-压裂液车；4-压裂液泵；5-阀门；6-回收池；7-气藏

(3)液氮惰性强，避免了流体乳化和沉淀等问题，同时可缓解地层中的黏土膨胀和储层污染。

(4)返排速度快，在井口泄压后，压裂液中的氮气会大幅膨胀，提升压裂液的返排速率和返排程度，对于低压、低渗地层具有良好的适用性。

2. 氮气压裂

早期的无水压裂主要使用纯氮气作为压裂流体，氮气压裂主要具有下述几方面优势：①氮气化学惰性强，不会引起黏土膨胀等对储层产生伤害；②压后氮气返排迅速、彻底，很大程度上避免了压裂液残留造成的储层渗透率下降；③氮气价格低廉，来源广泛，能够在很大程度上降低储层改造施工成本。氮气压裂曾被广泛应用于低孔低渗、水敏性地层，如美国的俄亥俄谷(Ohio Valley)和西弗吉尼亚(West Virginia)页岩区及得克萨斯中北部沃思堡(Fort Worth)盆地等，并取得了较好的应用效果。针对常规氮气压裂在长井段无法实现多段压裂的问题，Stidham 等[5]还提出了连续油管氮气压裂技术。采用连续油管系统不仅可以实现每个层段内的封隔、作业和监测，而且还可以满足多个层段连续作业的要求。然而，由于氮气黏度低，压裂过程中无法携带支撑剂，压后裂缝容易闭合，产量衰减较快，大规模工业推广受到了一定程度的限制。

3. 液氮压裂

在氮气压裂的基础上，人们开始尝试直接使用液氮作为压裂液的压裂工艺，即液氮压裂技术。液氮压裂是指采用适当的地面设备和工艺将液氮以常规压裂排量和超低温状态(温度:−195.56～−180.44℃)泵注至井底,在地层中形成人工压裂裂缝。早在1989年,就有学者提出利用液氮来替代常规的水基压裂液对煤层进行改造的技术思路,并在20世纪90年代在页岩及煤岩等地层中成功进行了现场应用[6,7],效果显著。液氮与储层完全配伍,不存在水敏及水锁伤害,还能解决水资源消耗和污染等环境问题,有望从根本上解决水力压裂存在的储层伤害和环境污染等问题。

不同于氮气压裂,由于液氮的超低温特性,在与地层岩石接触时,液氮会对地层岩石产生强烈的"冷冲击"作用,岩石温度瞬间急剧降低,从而诱导岩石内部初始裂纹扩展或形成新的裂缝,有利于增加储层的改造体积,从而促进形成大规模的体积裂缝网络。

液氮压裂的技术主要优势如下。

(1)液氮超低温可致裂岩石,劣化岩石的力学特性,大幅降低储层岩石的破裂压力,增加裂缝长度。

(2)液氮低温致裂作用可诱导岩石内次级裂缝的形成与扩展,增加压裂缝网的复杂度,提升其与天然裂缝的沟通程度。

(3)液氮与储层岩石温差巨大,产生极强的热应力和汽化增压作用,在促使裂缝扩张的同时,降低裂缝面垂向应力,诱导裂缝发生剪切滑移和不整合自支撑,防止压后裂缝闭合,提升裂缝的导流能力。

(4)液氮化学性质稳定,与岩石之间不发生水岩反应,可避免产生沉淀堵塞裂缝。

第三节　液氮压裂技术发展概况

一、现场应用概况

20世纪90年代,Wilson等[8]率先提出了使用液氮进行煤层气储层改造的方法。通过油管将液氮注入目的层实施压裂,同时通过油套环空注入氮气进行隔热,保护套管。液氮进入储层后,在低温和汽化膨胀的双重作用下,促进压裂裂缝起裂和扩展。1997年,在美国能源部的资助下,液氮压裂实现了首次现场应用[6],成功对五口非常规气井完成了储层改造,包括4口煤层气井和1口致密气井。液氮压裂效果显著,压后初期试采数据相对于压裂前单井日产量提升1.22～6.48倍。1998年,采用相同工艺和设备,液氮压裂方法被成功应用于东肯塔基泥盆纪页岩的储层改造当中。相比该区域氮气压裂的一口邻井,该井压后产量高出约8%[7]。根据液氮压裂的现场试验数据,施工的最大液氮排量为 $1.67～2.31m^3/min$,施工井深相对较浅,在600～900m,最大施工压力不超过25.0MPa,单井最大液氮用量达到了 95.0m³，单井最大氮气用量为 87782.2m³(标准体积)。

与传统水力压裂和氮气压裂方法不同，液氮压裂施工过程中需要使用特制的耐低温不锈钢地面管汇和井口设备，以玻璃纤维油管作为施工管柱，如图 1-6 所示。利用改进后的氮气泵组泵送高压液氮和氮气，并需要通过"冻水封隔"的方法来进行分段压裂施工。液氮压裂技术的主要施工流程如下。

(1)设备预冷。对压裂管线和井口设备进行低温氮循环预冷，检查设备及管线的密封性。

(2)井内增压。由环空向井内泵送氮气，直至井内压力稳定或地层发生破裂。

(3)液氮压裂。通过油管向井内泵送液氮，环空继续泵送氮气。液氮在储层内由于温度升高体积会膨胀，增加排量，促进裂缝扩展。同时，周围岩石温度降低及孔隙水的冻结作用有助于破坏岩石，并在主裂缝面上产生微裂缝。

(4)冻水封隔。待液氮泵送结束后，通过油管泵送氮气，顶替油管内的液氮。开展液氮多段压裂时，需通过油管向井内泵注一段清水，水进入人工裂缝冻结成冰，对已压开层段进行封隔。

(5)地面管线回温。打开井口液氮汽化设备，通过泵送氮气对地面管汇进行加热回温，直至解冻。

(6)关井，监测压力变化。

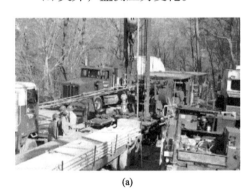 

(a) (b)

图 1-6 液氮压裂所用的玻璃纤维油管(a)、地面管汇及不锈钢井口(b)[7]

虽然液氮压裂的现场试验取得了工艺上的成功，但随着大规模水力压裂的成功应用，液氮压裂技术的研究曾一度被搁置。近年来随着人们环保意识的增强，水力压裂耗水量巨大、储层和环境污染等问题日益凸显，液氮压裂技术作为一种重要的无水压裂技术又重新回到人们的视野当中。2012 年，美国能源部对液氮压裂技术研究进行了进一步资助[9]，旨在揭示液氮压裂技术的作用机制，从室内试验角度进一步验证液氮压裂在非常规油气储层中应用的可行性。我国液氮压裂技术起步相对较晚，目前尚无现场应用报道。但是，近年来液氮压裂技术引起了我国越来越多科研人员的注意，其开展了大量的基础性研究工作，有力地推动了液氮压裂的理论研究和现场应用进程。

二、理论研究概况

　　液氮之所以能够作为压裂液使用，主要基于下述两方面原因。首先，液氮具有超低温特性，当与储层岩石接触后能够在岩石表面上产生较高的热应力（拉应力），劣化岩石的力学特性，增加主裂缝长度，同时形成与主裂缝垂直的若干次级裂缝（图 1-7），增大缝网的沟通能力和复杂度。其次，液氮在地层内受热后急剧汽化，其体积可迅速膨胀 8 倍左右，具有显著的增压作用，有助于加剧岩石的破裂和裂缝的延伸。另外，由于液氮的急剧膨胀作用，压裂过程中井底的排量会远大于井口的注入排量，从而有利于减小地面的泵注排量，降低施工难度。针对液氮的低温致裂和膨胀增压作用，国内外研究人员开展了大量的理论研究工作。

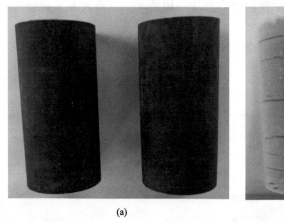 

(a)　　　　　　　　　　　　　　　　　(b)

图 1-7　页岩液氮冷却前(a)后(b)表面形貌对比

　　早在 1979 年，Finnie 等[10]就研究了液氮注入大理岩井筒过程中裂缝的瞬态开裂行为，试验发现液氮冷却后井筒周围产生了裂缝，但受限于液氮膜沸腾作用，传热效率较低，单纯热应力作用下裂缝扩展速度相对较慢。1997 年，McDaniel 等[6]针对煤岩开展了液氮低温处理试验，发现液氮处理后的煤岩发生开裂，甚至破碎成小块，试验中能明显听到岩样开裂扩展的声音，证实了液氮对岩石的致裂特性，并进行了煤层气液氮压裂的现场施工。

　　2012 年，在美国能源部的资助下，科罗拉多大学 Wu 课题组针对液氮压裂技术开展了室内试验和数值模拟研究工作，总结了液氮压裂技术的优势及其实施难点，并分析了液氮压裂在页岩气储层增产改造中的应用前景[9,11]。试验结果表明，液氮低温冷却作用可在水泥岩样内部及表面产生肉眼可见的宏观裂缝（图 1-8），液氮冷却后岩石的声波速度降低，说明其内部形成了一定程度的损伤。

2015 年和 2018 年，Alqahtani[11]、Cha 等[12]分别进一步开展了三轴围压下的液氮辅助氮气压裂试验研究，采用了页岩、砂岩和水泥三种岩样。研究发现，围压条件下液氮以低压（<2.8MPa）注入可在岩石内部诱导形成微裂缝，提高岩石的渗透率，并指出液氮低温处理后可有效降低岩石的起裂压力，试验中页岩和水泥岩样的起裂压力降幅达 40%左右。

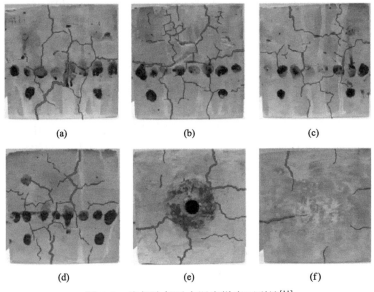

图 1-8　液氮冷却后水泥岩样表面裂缝[11]

　　国内学者同样针对液氮压裂开展了大量的研究工作，研究内容主要集中在岩石低温致裂机理方面。众多学者借助物理力学测试、声发射（AE）、扫描电镜（SEM）和核磁共振（NMR）等手段，系统探究了液氮对岩石物性和微观结构的影响规律，揭示了液氮低温致裂岩石的微观机制。任韶然等[13]利用试验分析了液氮冷却对煤岩的作用机制，通过声波测试手段，证实了液氮"冷冲击"对煤岩渗透率的提升作用。李和万等[14]研究了岩石温度对煤岩液氮冷却损伤的影响，通过激光显微镜、声波测试仪对煤岩裂缝扩展进行了监测和观察，并通过单轴压缩试验测试了液氮处理前后煤岩的强度变化。试验结果表明，煤岩破裂宽度随岩石初始温度升高而增加，随循环周期数增加而增加。Jiang 等[15,16]研究了液氮冷却对各向异性页岩的影响，试验结果表明岩心层理方向对页岩的低温损伤响应具有影响；液氮冷却后页岩强度和脆性显著降低，渗透率增加。Li 等[17]从液氮汽化增压角度分析了液氮压裂页岩气的可行性和技术优势。分析认为，液氮的膨胀增压可进一步增强压裂效果，压裂液在井口泄压后迅速汽化返排，避免储层污染。

　　基于液氮压裂技术，翟成和孙勇[18]提出了通过液氮循环冷却进行煤层增透的方法，并针对饱水煤岩进行液氮循环冻融的试验研究，分析了低温循环冻融下煤岩孔隙结构演化规律特征。研究结果表明，随冻融次数增加，煤岩中大孔占比增加，总孔隙度增加，孔隙连通程度得到改善。Qin 等[19,20]则对煤岩液氮注入过程中的传热和声发射响应进行了监测，发现循环注入液氮可提高煤岩冷却速度，扩大煤岩低温影响区域。随循环注入次数增加，声发射现象越发显著。经过 6 次循环注入后，声发射信号达到峰值，说明煤岩产生了连通的裂缝网络。

　　笔者基于前期水力喷射压裂技术的研究基础，将液氮压裂与水力喷射压裂技术相结合，创新地提出了液氮喷射压裂新方法[21]。如图 1-9 所示，该方法采用液氮喷射、压裂和水力封隔一体化的作业方式，一趟管柱即可实现液氮的多段压裂，具有施工周期短、成功率高等优势。液氮喷射压裂新方法继承了传统水力喷射压裂的技术优势，通过高速液氮喷射射孔实现裂缝的定点起裂，有效地解决了常规液氮压裂方法中裂缝起裂位置难控制、压裂级数有限等问题。此外，该方法无须使用机械封隔器，利用液氮射流卷吸和冻水封隔措施实现井段间的封隔，避免了机械封隔器橡胶部件低温失效的难题。

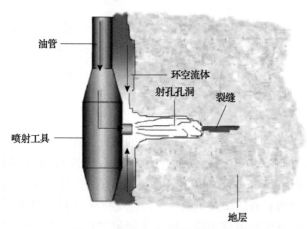

图 1-9　液氮喷射压裂原理示意图

　　近年来，围绕液氮喷射压裂新技术，笔者团队采用室内试验、数值模拟和理论分析相结合的方法，在液氮对岩石的低温致裂特征、液氮与岩石间的传热特性、液氮射流流场及破岩特征、液氮在管柱内的流动传热、液氮对生产管柱力学性能的影响及液氮压裂裂缝起裂及扩展特征等方面开展了一系列的研究工作。基于前期研究成果，本书第二章至第七章将分别针对上述六个关键问题进行系统的分析论述，旨在阐释液氮喷射压裂技术的机理和可行性，为形成液氮喷射压裂新技术提供理论依据与试验基础。

参 考 文 献

[1] 伊明, 陈若铭, 杨洪, 等. 裂缝性地层充氮气钻井防漏治漏技术[J]. 新疆石油天然气, 2011, 7(1): 46-51.

[2] Maguire Jr J C. Cryogenic Drilling Method: U.S. Patent 3612192[P]. 1971-10-12.

[3] 黄中伟, 武晓光, 李冉, 等. 高压液氮射流提高深井钻速机理[J]. 石油勘探与开发, 2019, 46(4): 768-775.

[4] 郑义平, 冉照辉, 乔东宇, 等. 液氮伴注水基泡沫压裂液技术在苏 77 井区的应用[J]. 新疆石油天然气, 2011, (2): 7, 68-71.

[5] Stidham J E, Tetrick L T, Glenn S A. Nitrogen coiled-tubing fracturing in the Appalachian Basin[C]. SPE Eastern Regional Meeting, Canton, 2001.

[6] McDaniel B W, Grundmann S R, Kendrick W D, et al. Field applications of cryogenic nitrogen as a hydraulic fracturing fluid[C]. SPE Annual Technical Conference and Exhibition, San Antonio, 1997.

[7] Grundmann S R, Rodvelt G D, Dials G A, et al. Cryogenic nitrogen as a hydraulic fracturing fluid in the Devonian shale[C]. SPE Eastern Regional Meeting, Pittsburgh, 1998.

[8] Wilson D R, Siebert R M, Lively P. Cryogenic Coal Bed Gas Well Stimulation Method: U.S. Patent 5464061[P]. 1995-11-07.

[9] Wu Y S, Yin X L, Kneafsey T J, et al. Development of non-contaminating cryogenic fracturing technology for shale and tight gas reservoirs, project number: 10122-20[R]. Golden: Petroleum Engineering Department Colorado School of Mines, 2016.

[10] Finnie I, Cooper G A, Berlie J. Fracture propagation in rock by transient cooling[J]. International Journal of Rock Mechanics and Mining Sciences & Geomechanics Abstracts, 1979, 16(1): 11-21.

[11] Alqahtani N B. Experimental study and finite element modeling of cryogenic fracturing in unconventional reservoirs[D]. Golden: Colorado School of Mines, 2015.

[12] Cha M, Alqahtani N B, Yao B, et al. Cryogenic fracturing of wellbores under true triaxial-confining stresses: Experimental investigation[J]. SPE Journal, 2018, 23(4): 1271-1289.

[13] 任韶然, 范志坤, 张亮, 等. 液氮对煤岩的冷冲击作用机制及试验研究[J]. 岩石力学与工程学报, 2013, 32(S2): 3790-3794.

[14] 李和万, 王来贵, 牛富民, 等. 液氮对不同温度煤裂隙冻融扩展作用研究[J]. 中国安全科学学报, 2015, 25(10): 121-126.

[15] Jiang L, Cheng Y F, Han Z Y, et al. Experimental investigation on pore characteristics and carrying capacity of Longmaxi shale under liquid nitrogen freezing and thawing[C]. IADC/SPE Asia Pacific Drilling Technology Conference and Exhibition, Bangkok, 2018.

[16] Jiang L, Cheng Y F, Han Z Y, et al. Effect of liquid nitrogen cooling on the permeability and mechanical characteristics of anisotropic shale[J]. Journal of Petroleum Exploration and Production Technology, 2019, 9(1): 111-124.

[17] Li Z F, Xu H F, Zhang C Y. Liquid nitrogen gasification fracturing technology for shale gas development[J]. Journal of Petroleum Science and Engineering, 2016, 138: 253-256.

[18] 翟成, 孙勇. 低温循环致裂煤体孔隙结构演化规律试验研究[J]. 煤炭科学技术, 2017, 45(6): 24-29.

[19] Qin L, Zhai C, Liu S M, et al. Infrared thermal image and heat transfer characteristics of coal injected with liquid nitrogen under triaxial loading for coalbed methane recovery[J]. International Journal of Heat and Mass Transfer, 2018, 118: 1231-1242.

[20] Qin L, Zhai C, Liu S M, et al. Mechanical behavior and fracture spatial propagation of coal injected with liquid nitrogen under triaxial stress applied for coalbed methane recovery[J]. Engineering Geology, 2018, 233: 1-10.

[21] 黄中伟, 蔡承政, 李根生, 等. 液氮磨料射流流场特性及颗粒加速效果研究[J]. 中国石油大学学报(自然科学版), 2016, 40(6): 80-86.

第二章　液氮对岩石的低温致裂特征

液氮作为一种超低温流体，与深部地层岩石温差巨大。在与岩石接触的过程中，液氮对岩石造成强烈的"冷冲击"作用，在岩石内部形成较高的温度梯度，造成岩石矿物颗粒之间的非协调变形及孔隙流体冻结膨胀，导致岩石发生损伤劣化。液氮冷却下岩石的低温致裂特性，对岩石的物理及力学性质具有显著影响。本章将系统阐述液氮冷却下不同状态岩石(干燥、饱水和高温)的物理及力学性质变化规律，分析液氮冷却下岩石的微观损伤机理，从工程角度介绍液氮压裂方法对不同工况、不同岩性岩石的适用性。

第一节　干燥岩石物性及微观结构变化

一、物理及力学性质变化

以煤岩和页岩为研究对象，制备直径 25mm、高度 50mm 的圆柱岩心，分别如图 2-1(a)和(b)所示。基于声波和密度测试对岩样进行挑选，避免岩心非均质性的影响。对岩样进行干燥处理，液氮冷却前后分别针对岩样渗透率和声波波速进行测试，得到液氮冷却对岩石物性的影响。对未经液氮处理和经过液氮处理后的岩样分别进行单轴压缩测试，对比应力-应变曲线及岩石强度变化。

(a) 煤岩　　　　　　　　　　　　(b) 页岩

图 2-1　未经液氮处理的煤岩及页岩岩样

1. 岩样表面形貌变化

图 2-2 为经过液氮处理后的页岩和煤岩岩样。从图 2-2 中可以看出，在液氮的低温作用下，岩样沿着层理和节理面发生了宏观开裂，表面出现了大量的热应

力裂缝。这些裂缝具备明显的网状分布特点，说明液氮超低温作用不仅可以促进岩样内部已有层理面及初始裂纹的开启，而且还能产生新的破裂。对比页岩和煤岩岩样表面的致裂效果，可以发现，煤岩岩样表面的裂纹密度大于页岩岩样，这主要是因为煤岩的基质强度更低，在热应力作用下更容易破裂。

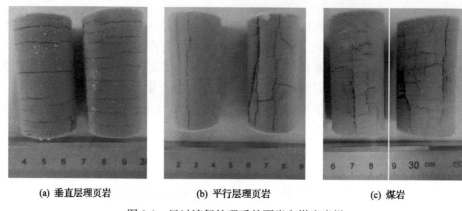

(a) 垂直层理页岩　　　(b) 平行层理页岩　　　(c) 煤岩

图 2-2　经过液氮处理后的页岩和煤岩岩样

2. 岩样波速变化

超声波检测是评价岩石损伤状态的主要手段之一。对于同一类型的岩样，内部裂纹的发育对声波波速具有影响。通常岩石内部的裂纹越多，声波在岩石内部的传播速度也就越慢。如图 2-3 所示，液氮冷却后垂直和平行层理方向的页岩岩样波速均显著下降。垂直层理方向的页岩岩样波速降幅为 4.14%～4.95%，平行层理方向的页岩岩样波速降幅为 2.69%～3.53%。垂直层理方向的页岩岩样波速变化幅度要大于平行层理方向的页岩岩样，其主要原因是，页岩在液氮低温作用下主要沿层理面开裂，阻碍了波速沿垂直层理方向的传播[1]。

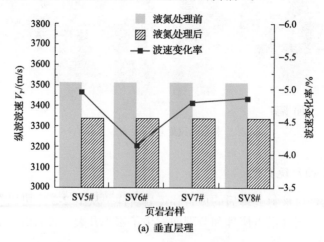

(a) 垂直层理

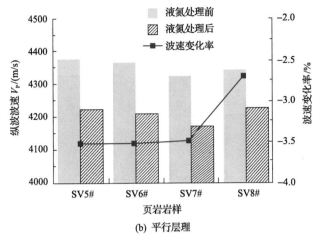

(b) 平行层理

图 2-3 液氮处理前后的页岩波速变化

3. 渗透率变化

渗透率变化是反映岩石损伤的另一种重要手段。岩石的渗透率大小取决于孔喉或者裂隙的尺寸、形状及孔隙结构的连通程度。一般来说，孔隙结构的连通性越好，渗透率越大。液氮低温作用可在岩石内部诱导产生新裂纹，或诱导原始裂纹扩展，增强了岩石内部微裂纹的连通程度。如图 2-4 所示，对于垂直层理方向的页岩岩样，渗透率增幅为 4.86%~15.14%；然而，对于平行层理方向的页岩岩样，渗透率增幅为 11.55%~177.27%，平均增幅大于垂直层理方向的页岩岩样。这是因为在液氮低温作用下，层理面之间的胶结结构被破坏，导致层理面的连通性增强。

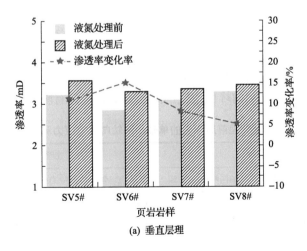

(a) 垂直层理

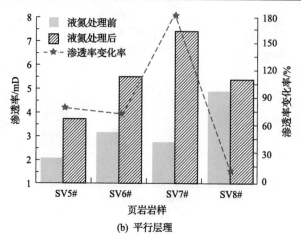

(b) 平行层理

图 2-4　液氮处理前后的渗透率变化

　　渗透率的增加和声波波速的降低，表明岩石内孔隙和裂缝的连通性增强，岩石的损伤程度增加。岩石相邻矿物颗粒热物性存在差异，因此在液氮冷却下岩石内部相邻矿物颗粒发生不均匀变形，诱导形成热应力。当热应力超过颗粒间的胶结强度时，胶结会断裂，形成新的微裂纹，导致岩石内部的微裂纹数量增加。对于岩石内部已经存在的初始裂纹，颗粒收缩同样也会使其产生张开变形的趋势。以上因素会增加岩石内部裂纹的数量，并导致孔隙结构之间的连通性增强，进而导致岩石渗透率增加，这也是液氮低温作用能够有效提高岩石渗透率的原因。

4. 应力-应变曲线变化

　　液氮低温作用引起的损伤，对于岩石的力学特性具有显著的影响。表 2-1 给出了液氮处理前后煤岩的单轴压缩轴向峰值应力和峰值应变，这里的峰值应变是指峰值应力所对应的应变值。可以看出，相对于原始煤岩岩样，液氮处理后的煤岩岩样峰值应力降低 18.57%～27.77%，轴向峰值应变比原始煤岩岩样降低 13.01%～20.61%。轴向峰值应力的降低说明岩石内部损伤程度增加，岩石的力学强度发生了大幅劣化。轴向峰值应变的降低表明岩石具有脆性破坏特征。

表 2-1　液氮处理前后煤岩的单轴压缩轴向峰值应力和峰值应变

原始煤岩岩样			液氮处理后的煤岩岩样		
编号	轴向峰值应力/MPa	轴向峰值应变/%	编号	轴向峰值应力/MPa	轴向峰值应变/%
C1#	23.70	1.28	C4#	19.30	1.07
C2#	26.97	1.23	C5#	19.48	1.07
C3#	23.24	1.31	C6#	17.87	1.04

　　图 2-5 为未经过处理的煤岩岩样和经过液氮低温处理后的煤岩岩样的累计声发射振铃计数-时间及轴向应力-时间曲线。可以发现，在岩石声发射振铃计数活跃的时刻岩石应力发生突降，同时在该时刻累计声发射振铃计数曲线斜率突增。经过液氮低温处理后的煤岩岩样 C5#在加载过程中不仅应力突降点要多于未经过处理的煤岩岩样 C1#，而且累计声发射振铃计数也要多于岩样 C1#。这说明，在加载过程中煤岩岩样 C5#的声发射的活跃程度大于煤岩岩样 C1#，即其内部发生了更多的微破裂现象。

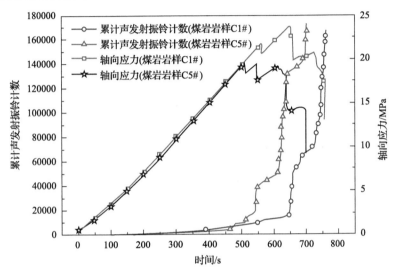

图 2-5　未经过处理的煤岩岩样和经过液氮低温处理后的煤岩岩样的
累计声发射振铃计数-时间及轴向应力-时间曲线
煤岩 C1#-未经过处理的煤岩岩样；煤岩 C5#-经过液氮低温处理后的煤岩岩样

二、孔隙结构变化

1. 大理岩孔隙结构变化

　　不同于页岩和煤岩，干燥的大理岩经液氮处理后表面未形成肉眼可见的宏观裂缝，但其微观结构则发生了明显的破坏。图 2-6 为液氮低温处理前后干燥大理岩的 SEM 结果。可以发现，大理岩矿物颗粒之间有微裂隙产生。这说明在液氮低温作用下，大理岩的颗粒胶结在热应力作用下发生了破裂，形成新的裂隙，新产生的微裂隙以晶间裂隙为主。

　　图 2-7 是液氮低温处理前后干燥大理岩的核磁共振横向弛豫时间 T_2 分布曲线。核磁共振是一种常见的岩心测试方法，测得的 T_2 分布曲线可用于孔隙分布的表征。T_2 值的大小与孔隙体半径成正比，孔隙体半径越大，T_2 值也就越大。信号幅度反映相应孔隙数量的多少，信号幅度越大说明相应尺寸的孔隙数量就越多。

T_2分布曲线积分面积与岩石孔隙体积大小成正比，面积越大，孔隙体积越大。

(a) 处理前

(b) 处理后

图 2-6 液氮低温处理前后干燥大理岩的 SEM 结果

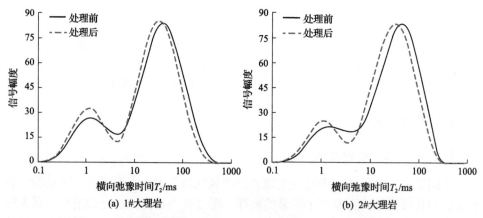

(a) 1#大理岩   (b) 2#大理岩

图 2-7 液氮低温处理前后干燥大理岩的核磁共振 T_2 分布曲线变化

干燥大理岩在经过液氮低温处理后，T_2 分布曲线的变化表现为峰值的增加、曲线左移及曲线积分面积的增加。两块岩样左峰对应的 T_2 值从 1.29ms 移至 1.08ms，1#和 2#岩样左峰的信号幅度分别增加 18.6%和 15.8%。两块岩样右峰对应的 T_2 值从 41.60ms 移动至 34.65ms，1#和 2#岩样右峰峰值信号幅度分别增长 1.6%和 0.3%。岩样 T_2 分布曲线的积分面积也有所增加，增幅分别为 10.3%(1#)

和 0.9%(2#)。峰值增加意味着该峰对应的孔隙数量增加；曲线向左移动表明，岩石内小孔隙所占比重增加；积分面积增加说明岩石内的孔隙总体积增加。综上，液氮低温作用能够改变大理岩孔隙结构，具体表现为岩石微裂隙扩展及孔隙体积增加。

2. 砂岩孔隙结构变化

图 2-8 为液氮低温处理前后干燥砂岩的 T_2 分布曲线，最明显的变化特征是曲线的信号幅度降低。两块岩样左峰信号幅度降低幅度分别为 7.6%(1-1#砂岩)和 4.1%(2-1#砂岩)，右峰信号幅度降低幅度分别为 4.8%(1-1#砂岩)和 4.5%(2-1#砂岩)，另外 T_2 分布曲线的积分面积也有所降低，1-1#砂岩降低幅度为 7.9%，2-1#砂岩降低幅度为 5.6%。说明经过液氮低温处理后砂岩孔隙结构的变化特征以孔隙数量和孔隙体积减小为主，这点与大理岩有很大不同。

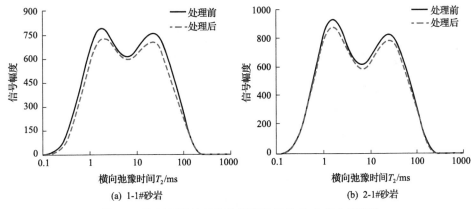

(a) 1-1#砂岩　　　　　　　　(b) 2-1#砂岩

图 2-8　液氮低温处理前后干燥砂岩的 T_2 分布曲线变化

砂岩岩样内部孔隙和裂隙比较发育，而且具有相当数量的中等孔隙和大孔隙 (T_2 分布曲线右峰明显)，孔隙结构也具有较好的连通性(渗透率较高)。砂岩颗粒排列十分疏松，颗粒之间存在大量的初始裂纹，而且大颗粒上附着较多小颗粒。再加上砂岩的强度较低，颗粒骨架在热应力作用下易坍塌，附着在大颗粒上的部分小颗粒在热应力作用下会脱落，并充填到颗粒间隙中，导致孔隙内的部分空间被小颗粒占据，使这部分空间无法被水充填，在 NMR 测试中孔隙结构所表现的特征主要是孔隙数量减少和孔隙体积减小。正是由于砂岩岩样内部的孔隙比较发育，而且颗粒之间的间隙十分明显，很难从 SEM 图上直接观测出液氮低温作用是否使颗粒间的胶结发生断裂。

3. 页岩孔隙结构变化

图 2-9 为液氮低温处理前后干燥页岩的 SEM 结果。可以看到，岩石内部有微

裂隙产生,说明由液氮低温作用产生的热应力能够使页岩的颗粒胶结发生破裂,从而对孔隙结构造成损伤,形成新的微裂隙。与大理岩相比,页岩内部形成的微裂隙更加复杂。

图 2-9　液氮低温处理前后干燥页岩的 SEM 结果

页岩的 T_2 分布曲线的主要变化特征是峰值及曲线积分面积增加。如图 2-10 所示,液氮低温处理后 1#和 2#页岩峰值分别增加 6.4%和 6.5%,T_2 分布曲线积分面积分别增加 13.7%和 9.9%。另外,T_2 的最大值也有一定程度的增加,1#页岩的 T_2 最大值从 8.03ms 增至 11.57ms,2#页岩的 T_2 最大值从 8.03ms 增至 9.64ms。由

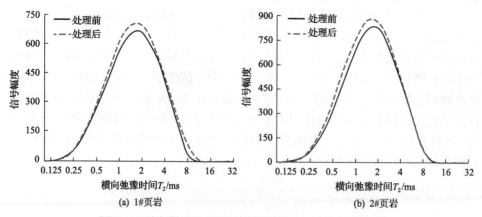

图 2-10　液氮低温处理前后干燥页岩的 T_2 分布曲线变化

此可见，液氮低温作用对页岩孔隙结构的影响主要表现为促进岩石微裂隙的扩展及孔隙体积的增加。

4. 煤岩孔隙结构变化

图 2-11 是液氮低温处理前后干燥煤岩的 T_2 分布曲线。在液氮低温处理后，岩样的 T_2 曲线信号幅度增加。1#煤岩的信号幅度峰值从 1334.06 增加到 1450.14，增长了 8.7%；2#煤岩的信号幅度峰值从 1240.67 上升到 1335.68，增长了 7.7%。峰值位置无明显移动，说明液氮对煤岩的影响主要表现为促进孔隙数量的增加。另外，煤岩岩样的 T_2 曲线积分面积也大幅增加，两个煤岩岩样的 T_2 曲线积分面积增幅分别为 14.4% 和 16.1%。因此，对于干燥煤岩，液氮作用下其孔隙数目和孔隙体积均有较大幅度的增长。

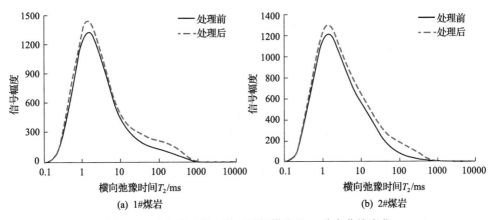

图 2-11　液氮低温处理前后干燥煤岩的 T_2 分布曲线变化

三、产生损伤差异的成因

1. 岩石非均质性差异

岩石各种矿物性质存在差异，因此对岩石的孔隙结构变化也会有一定影响。不同矿物的热物性具有差异，在低温作用下，相邻矿物间的变形量产生差异，因此产生的热应力大小就会不同。另外，颗粒彼此间的接触方式及颗粒之间胶结物的性质都会对岩石在液氮低温作用下的孔隙结构变化特征产生影响。由表 2-2 可知，对于煤岩、页岩、砂岩和大理岩 4 种岩样，大理岩的矿物组分最单一，以石英矿物为主(91.4%)，因此大理岩在矿物组成方面更均质。大理岩与液氮接触后，矿物颗粒收缩变形，导致颗粒之间的胶结结构发生断裂破坏。但由于大理岩结构致密、孔隙数量较少且矿物成分单一，在热应力作用下相邻矿物颗粒较难产生相互错动，因此很难使微孔隙之间相互沟通，形成更大尺度的微裂隙。

表 2-2　岩样矿物组成　　　　　　　　（单位：%）

岩样	矿物质量分数								
	石英	钾长石	斜长石	方解石	白云石	赤铁矿	角闪石	硬石膏	TCCM
页岩	33.2	3.8	6.2	13.8	11.6				31.4
煤岩	0.2	0.1	0.1	0.8	51.7		0.3	0.2	46.6
大理岩	91.4		0.2		0.9				7.5
砂岩	22.8	8.3	27.0		15.3	6.3			20.3

注：TCCM 表示黏土矿物。

相对于大理岩岩样，页岩矿物组分相对复杂。在经过液氮低温处理后，其孔隙结构变化特征不仅仅表现为孔隙数量的增长，而且还伴随着孔隙尺度的提升。其主要原因是，页岩的矿物组分较多，当相互接触的矿物颗粒的热胀系数存在较大差异时，颗粒之间会发生相互错动，有助于微孔隙（微裂隙）之间的相互沟通，从而促使更大尺度的孔隙和微裂隙形成。

2. 岩石岩性的差异

在相同条件下，不同岩性的岩样在经过液氮低温处理后，其孔隙结构变化特征存在差异。例如，在经过液氮低温处理后，干燥砂岩的孔隙结构变化特征表现为孔隙数目和孔隙体积减小，其余岩样则表现为孔隙数目和孔隙体积增加。由此可见，岩石的岩性会影响孔隙结构的变化形式。

砂岩颗粒尺寸较大，且不同颗粒之间存在大量原生裂隙。而大理岩和页岩内部颗粒排列十分致密，初始裂纹不存在或尺度十分微小。由于砂岩内部裂隙比较发育，在液氮低温作用下，其对热变形具有更强的容纳能力，降低热应力的尺度，不易诱导产生裂隙，整体上随着岩石的收缩砂岩的孔隙数目减少、孔隙体积减小。大理岩和页岩由于颗粒排列致密，内部基本不含原生裂隙，当颗粒间一旦有裂隙产生，就会对孔隙结构产生明显的影响，所以孔隙变化的主要表现形式是微裂隙扩展。另外，煤岩虽然内部的微孔隙也比较发育，而且内部也含有一定数量的大尺寸孔隙，但由于煤岩基质强度较低，且热应力在初始裂纹处容易产生应力集中，煤岩在干燥状态下孔隙结构就会受到较大程度的损伤。

第二节　饱水岩石物性及微观结构变化

岩石是一种多孔介质，内部常含有一定体积的流体。当岩石与液氮接触时，由于周围温度的降低，孔隙内的流体会冻结成冰。研究表明，在一个大气压下，水凝固成冰时，体积会膨胀9%左右。孔隙水的冻结作用会对岩石颗粒之间的胶结产生断裂破坏，从而对整个岩石结构产生致裂效果。因此，饱水状态下的岩样与干燥岩样的损伤特征和机理具有明显差异[2]。

一、力学性质变化

图 2-12 为大理岩和红砂岩在不同含水状态（干燥和饱水）下经液氮冻结前后的应力-轴应变曲线。可以看出，与原始状态岩样相比，饱水后经液氮冻结岩样的应力-轴应变曲线在弹性变形阶段出现一个拐点，这说明饱水状态岩石经液氮冻结后，孔隙和原始裂隙内的水结冰，体积膨胀，可能导致岩石内部原始裂隙扩展、延伸，形成了大尺寸的微裂隙，对岩石造成了较大程度的损伤。

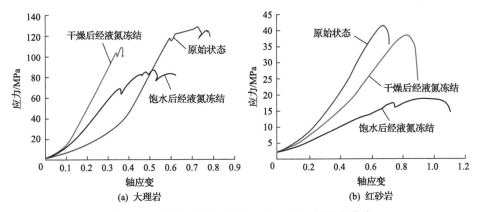

图 2-12 岩石在不同处理方式下的应力-轴应变曲线

表 2-3 给出了经液氮冻结处理前后岩石的单轴抗压强度和弹性模量结果。可以看出，对于饱水状态下的两种岩石，经液氮冻结后其单轴抗压强度与弹性模量均发生大幅劣化；而干燥状态下的岩石，经液氮冻结后单轴抗压强度和弹性模量的变化幅值则相对较小，说明岩石内的流体有助于强化液氮的低温致裂效果，加剧岩石的损伤。此外，对比饱水状态下的红砂岩和大理岩，经液氮冻结后红砂岩的单轴抗压强度和弹性模量降幅明显高于大理岩，这一现象与红砂岩孔隙发育、内部含水量更高有关[3]。

表 2-3 岩石单轴抗压强度和弹性模量测试结果

状态	大理岩				红砂岩			
	单轴抗压强度		弹性模量		单轴抗压强度		弹性模量	
	数值/MPa	降幅/%	数值/GPa	降幅/%	数值/MPa	降幅/%	数值/GPa	降幅/%
原始状态	130.3		39.1		42.0		8.34	
干燥后经液氮冻结	111.5	14.4	37.4	4.3	39.0	7.1	5.0	40.0
饱水后经液氮冻结	88.2	32.3	24.6	37.1	18.8	55.2	2.0	76.0

二、孔隙结构变化

1. 大理石孔隙结构变化

　　液氮低温处理后大理岩表面无肉眼可见的宏观开裂，但其微观结构发生显著变化。图 2-13 为饱水条件下的大理岩岩样经过液氮低温处理后的 SEM 结果，可以看出，其细观结构变化特征主要是有晶间裂隙产生，这与干燥条件下的变化特征基本一致。

(a) 500倍　　　　　　　　　　　　　　(b) 1000倍

图 2-13　饱水条件下的大理岩岩样经过液氮低温处理后的 SEM 扫描结果

　　图 2-14 为饱水大理岩经过液氮低温处理前后的 T_2 分布曲线，T_2 曲线的变化特征表现为峰值和曲线积分面积均增加，表明岩石孔隙结构变化形式仍以微孔隙（微裂隙）的扩展和孔隙体积增加为主，与干燥条件下类似，饱水对大理岩的孔隙结构变化形式影响不大。其主要原因是大理岩坚硬致密，孔隙度仅在 0.9% 左右，

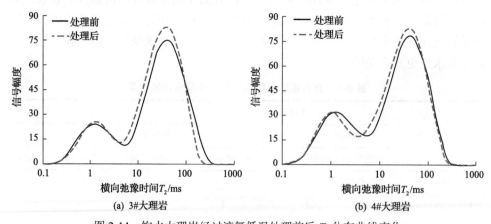

(a) 3#大理岩　　　　　　　　　　　　　(b) 4#大理岩

图 2-14　饱水大理岩经过液氮低温处理前后 T_2 分布曲线变化

即使饱水后，岩样内水分含量也相对较少。再加上大理岩本身胶结强度较大，孔隙水冻结作用对其微观结构的破坏作用有限。

2. 砂岩孔隙结构变化

不同于大理岩，岩石内水分冻结作用能够显著加剧砂岩孔隙结构的破坏程度，饱水砂岩经过液氮低温处理后表面出现了肉眼可见的宏观裂纹，如图 2-15 所示。砂岩孔隙和裂隙结构发育，初始孔隙度较高。在饱水状态下，砂岩内部的含水量要显著高于大理岩和页岩，加之砂岩颗粒胶结强度较弱，液氮冻结下砂岩孔隙结构受到的破坏更加严重。

图 2-15　液氮低温作用在饱和砂岩岩样上产生的致裂效果

图 2-16 为饱水砂岩岩样经过液氮低温处理前后的 T_2 分布曲线。可以看出，其主要变化特征是曲线向右移动及 T_2 最大值增加，与干燥状态下的变化特征截然不同。3-1#砂岩岩样的 T_2 最大值从 215ms 增加至 3341ms；4-1#砂岩岩样的 T_2 最大值从 215ms 增加至 5780ms，并产生了新的波峰。曲线向右移动及 T_2 最大值的增加，说明饱水砂岩岩样经过液氮低温处理后，内部孔隙结构受到严重破坏，导致孔隙结构整体尺度增加。

3. 页岩孔隙结构变化

经过液氮低温处理后，饱水状态下页岩岩样的 T_2 分布曲线变化特征与其干燥状态下的变化特征类似，表现为曲线的峰值和积分面积增加，如图 2-17 所示。3#和 4#页岩岩样的峰值增幅均为 7.1%，曲线积分面积增幅分别为 14.4%和 15.1%。另外，饱水页岩岩样的 T_2 最大值同样出现小幅增加，3#和 4#页岩岩样均是从 8.03ms 增加到 9.64ms，增幅与干燥岩样的增幅相差不大。页岩的孔隙结构以微孔隙为主，单个孔隙内水分含量较少，因此孔隙水冻结作用对岩石孔隙结构破坏作用有限。

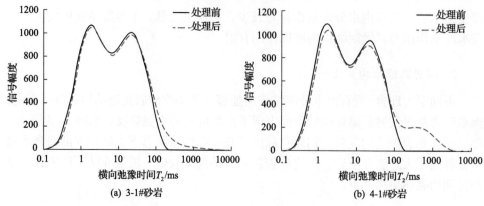

(a) 3-1#砂岩　　　　　　　　　　(b) 4-1#砂岩

图 2-16　饱水砂岩岩样经过液氮低温处理前后 T_2 分布曲线变化

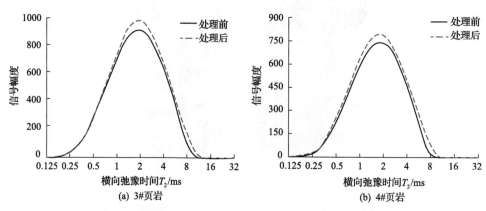

(a) 3#页岩　　　　　　　　　　(b) 4#页岩

图 2-17　饱水页岩岩样经过液氮低温处理前后 T_2 分布曲线变化

4. 煤岩孔隙结构变化

如图 2-18 所示，对于经过液氮低温处理后的饱水煤岩岩样，其 T_2 曲线特征主

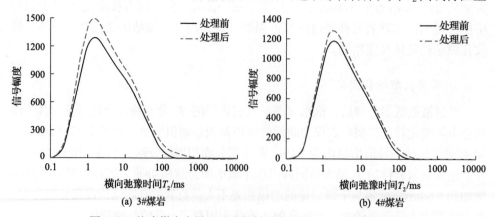

(a) 3#煤岩　　　　　　　　　　(b) 4#煤岩

图 2-18　饱水煤岩岩样经过液氮低温处理前后 T_2 分布曲线变化

要表现为 T_2 最大值和曲线幅度升高。3#和 4#煤岩岩样的 T_2 曲线积分面积在液氮低温处理之后有所增加，增加幅度分别为 19.0%和 20.0%，说明岩样内部的孔隙数量增加。在 T_2 最大值方面，3#煤岩岩样的 T_2 最大值从 258.64ms 增加到了 929.51ms，4#煤岩岩样的 T_2 最大值从 310.50ms 增加到 2317.82ms，两者的峰值增幅分别达到了 15.2%和 8.9%，表明煤岩孔隙结构受到了严重损伤，岩样内部不仅孔隙数量增多，而且还伴随着更大的孔隙或者微裂隙的产生。

5. 饱水岩样损伤产生差异的原因

在饱水状态下，砂岩与其余岩石的孔隙结构变化特征存在很大差异。砂岩孔隙结构变化在 T_2 分布曲线上主要体现为曲线的右移、T_2 最大值的增加和曲线积分面积的增加，在岩石表面出现肉眼可见的宏观裂纹，内部孔隙结构遭到了严重损伤。然而，对于饱水状态下的大理岩和页岩而言，孔隙结构的变化形式则主要表现为微孔隙的发育和扩展，与干燥状态下基本一致。这是因为砂岩孔隙度远大于大理岩和页岩，且内部初始裂纹发育。在饱水状态下，砂岩内部含水量要高于大理岩和页岩，因此砂岩孔隙结构受到的破坏更加严重。而大理岩即使进行饱水处理，其内部的含水量也十分有限，再加上自身颗粒排列比较致密，且胶结强度较大，水分结冰冻胀对其孔隙结构破坏程度有限。页岩虽然孔隙度比大理岩高，但是孔隙结构以微孔隙为主，单个孔隙内饱和水分量有限，孔隙结构的冻结破坏作用同样也受到限制。这也说明，当岩样中含水率较低(如未达到饱和状态)时，冻结作用对孔隙结构的破坏作用十分有限，其主要形式也将以微孔隙扩展为主。但总体上，水分结冰的冻胀破坏作用会在一定程度上加剧孔隙结构破坏，有利于微孔隙(微裂隙)扩展。

第三节　高温岩石物性及微观结构变化

深层油气及地热储层岩石处于高温状态，岩石初始温度对液氮冷却下矿物颗粒的变形和热应力尺度具有显著影响，因此高温岩石在液氮低温下的损伤程度与常温岩石具有差异[4]。本节针对不同温度、不同岩性的岩石经液氮冷却后的物性变化及损伤机理进行分析，旨在揭示岩石温度对液氮低温致裂效果的影响，阐明液氮压裂方法对不同岩性高温岩石的适用性。

一、岩石温度的影响

1. 物理性质变化

1)纵波波速

图 2-19 对比了不同冷却方式(液氮冷却、水浴冷却、自然冷却和实时高温)下

高温花岗岩的波速变化，图中纵坐标为基于完好岩样的归一化波速值。岩石温度越高，冷却处理后波速降幅越大，岩石损伤越显著。对比 4 种冷却方式，液氮冷却下岩石波速降幅最高，其次为水浴冷却。自然冷却引起的波速降幅显著低于液氮冷却和水浴冷却方式，冷却后波速值与实时高温条件下的波速测试结果相当，说明自然冷却对高温岩石的损伤作用微弱。

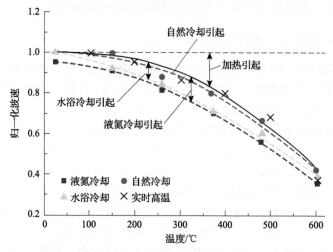

图 2-19　不同冷却方式下高温花岗岩的波速变化[5]

2) 渗透率

在渗透率方面，经液氮冷却处理后岩石的渗透率升高，岩石内部裂隙的连通性增强。如图 2-20 所示，岩石温度越高，液氮冷却后渗透率增幅越大。在 25～100℃，经冷却处理后岩石的渗透率增幅相对较低，增幅不足 80.2%；在 150～

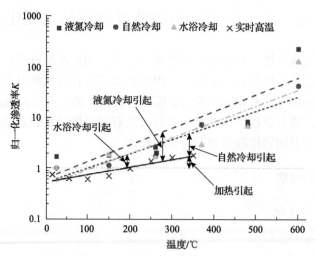

图 2-20　不同冷却方式下高温花岗岩的渗透率变化[6]

480℃，经冷却处理后岩石的渗透率增幅明显提升，达几倍至十几倍的量级；在480～600℃，冷却后岩石的渗透率出现跨量级式增长。对于 600℃的花岗岩，经历液氮冷却、水浴冷却和自然冷却处理之后，相对于初始状态下（加温处理之前）的渗透率分别提升 224 倍、125 倍和 41 倍。渗透率这一跨量级的增长，与 573℃温度条件下岩石石英矿物的结晶相态转化有关。相对于水浴冷却和自然冷却方式，液氮冷却引起的岩石渗透率增幅更高，说明液氮对高温岩石渗透率的提升效果强于水和空气。

2. 力学性质变化

1）单轴压缩强度

图 2-21 为不同冷却方式处理后高温花岗岩的单轴抗压强度结果，同样，测试结果基于完好岩样（未处理）的平均单轴抗压强度进行了归一化。可以看出，自然冷却下岩石的单轴抗压强度与实时高温下的单轴抗压强度相当，说明自然冷却对高温岩石的单轴抗压强度影响较弱。不同于自然冷却，水浴冷却可以对高温岩石造成一定程度的损伤，经水浴冷却处理后岩石的单轴抗压强度较自然冷却低 1%～9%。三种冷却方式中，液氮冷却下高温花岗岩的单轴抗压强度衰减最为显著。在150～600℃，经历液氮冷却处理后岩石的单轴抗压强度降幅达 18%～52%，较水浴冷却高出 11%～17%，说明液氮对高温岩石的力学性能具有更强的劣化作用。

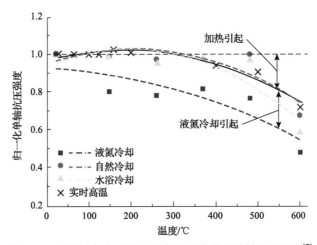

图 2-21 不同冷却方式处理后高温花岗岩的单轴抗压强度[7]

2）岩石弹性模量

岩石弹性模量反映了岩石抵抗变形的难易程度，不同冷却方式下岩石弹性模量随温度的变化规律与单轴抗压强度类似。如图 2-22 所示，相对于实时高温下测得的花岗岩的弹性模量，经液氮冷却处理后岩石的弹性模量降低。随岩石温度升高，液氮冷却引起的岩石弹性模量衰减幅度增大，说明提升岩石温度有利于强化液氮的低温致裂效果。对比三种冷却方式，液氮冷却后岩石的弹性模量显著低于自然冷却和水浴冷却，进一步证实液氮冷却对岩石的力学性能具有更强的劣化作用。

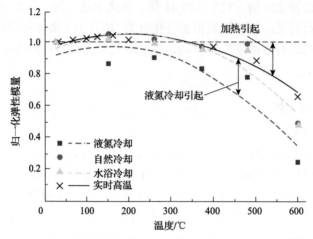

图 2-22　不同冷却方式处理后高温花岗岩的弹性模量[7]

3）压缩破坏模式

图 2-23 为液氮冷却和自然冷却下花岗岩的单轴压缩破坏模式。对于室温下（25℃）的花岗岩，压缩破坏之后其结构相对完整，岩样无明显掉块。随岩石温度升高，岩石的完整度下降，碎块剥落现象逐渐加剧。相对于自然冷却，液氮冷却

(a) 自然冷却

(b) 液氮冷却

图 2-23　液氮冷却和自然冷却下花岗岩的单轴压缩破坏模式
从左到右依次为 25℃、150℃、260℃、370℃、480℃、600℃

下岩石压后碎块剥落现象更加显著，岩样破碎程度更高，说明液氮冷却对岩石内部颗粒胶结的破坏更加严重。

对于 25～600℃ 的 6 组干热岩岩样，自然冷却处理后对应的平均断裂面倾角分别为 79.5°、75.3°、68.5°、65.4°、64° 和 61.3°，液氮冷却处理后对应的平均断裂面倾角分别为 85.2°、81.2°、72.5°、69.4°、68.2° 和 60.3°。显然，断裂面倾角随岩石温度的升高而逐渐降低，标志着岩石从劈裂破坏逐渐过渡到剪切破坏模式。这是因为随岩石温度升高，热损伤及冷冲击效果增强，加剧岩石颗粒间的胶结破坏，导致岩石黏聚力逐渐降低、内摩擦角减小，造成岩石的断裂面倾角降低。然而，对比液氮冷却组和自然冷却组的断裂面倾角，相同温度下两者断裂面倾角相近，说明冷却方式对断裂面倾角无显著影响。

3. 微观机理分析

如图 2-24 所示，晶间裂隙和晶内裂隙是液氮冷却下岩石的两种主要微观破坏模式。其中，晶间裂隙主要形成于石英与其他邻近矿物颗粒的接触边界位置，这一现象与石英具有较高的热胀系数有关。如表 2-4 所示，石英矿物的单轴热胀系数在 $16.6 \times 10^{-6} \sim 24.3 \times 10^{-6}℃^{-1}$，而其余矿物的单轴热胀系数则主要分布在 $3.2 \times 10^{-6} \sim 8.9 \times 10^{-6}℃^{-1}$，石英矿物的单轴热胀系数是其他矿物的 1.87～7.59 倍。在如此大的单轴热胀系数差异下，液氮冷却过程中石英与其相邻矿物的变形不匹配更严重，石英边界位置产生更强的热应力，胶结结构更容易被破坏，因此晶间裂隙在石英矿物边界位置密集分布。

(a) 晶间裂隙　　　　　　　　　　　　　　(b) 晶内裂隙

图 2-24　液氮冷却后花岗岩微观开裂与矿物组成的关系

Kf-钾长石；P-斜长石；Q-石英；M-云母

表 2-4　矿物单轴热胀系数[8,9]　　　　　　　（单位：$10^{-6}℃^{-1}$）

矿物	石英	黄铁矿	斜长石	正长石	钙长石	钠长石	白云石	方解石
热胀系数	16.6～24.3	8.6	5.2～6.0	3.2～5.1	5.0～7.5	7.5～8.9	7.6	6.7

　　此外，通过铸体薄片观察还可以发现，除晶间裂隙外，石英矿物的内部还发育有诸多的穿晶断裂裂缝[图 2.24(b)]。石英内部穿晶断裂裂缝的形成，主要与石英在不同结晶轴方向上的热胀系数差异过大有关。石英垂直于 c 结晶轴方向的热胀系数为 $14\times10^{-6}℃^{-1}$，约为平行于该结晶轴方向上热胀系数($7.7\times10^{-6}℃^{-1}$)的 2 倍。不同结晶轴方向上热物性的差异，导致石英内部变形不协调，从而引发穿晶断裂裂缝的形成。综上，石英矿物对液氮冷却下岩石的微观结构破坏具有重要的贡献作用。

　　图 2-25 对比了不同温度花岗岩液氮冷却后的微观结构特征。显然，岩样微观结构的变化与前述的宏观物理和力学性质变化规律相一致。对于室温下(25℃)的花岗岩岩样，液氮冷却对其微观结构影响不大，矿物颗粒间胶结紧密，未发现明显的晶间和晶内裂隙，岩石无明显损伤。在 150～480℃，液氮冷却后岩石内部开始出现微裂纹，这些微裂纹主要发育在矿物边界位置，以晶间裂隙模式为主，微裂纹尺度整体相对较小。这些微裂纹的形成，降低了岩石内部颗粒间的黏聚力，从而劣化了岩石的力学特性，提升了岩石的渗透率。微裂纹数目随岩石温度的升高而增加，从而使岩石力学性质的劣化逐渐加剧，渗透率增幅逐渐提高。在 600℃条件下，液氮冷却后表面微裂纹尺度和数目显著增加，裂纹之间相互交叉连接，形成缝网，与前面跨量级的渗透率增长相对应。

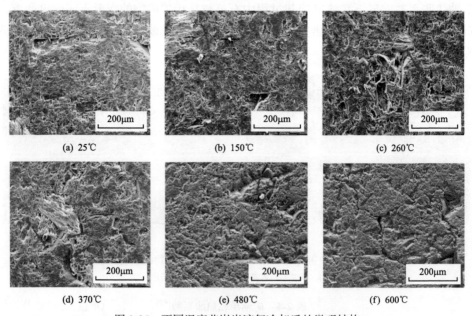

(a) 25℃　　　　　　　　　(b) 150℃　　　　　　　　　(c) 260℃

(d) 370℃　　　　　　　　　(e) 480℃　　　　　　　　　(f) 600℃

图 2-25　不同温度花岗岩液氮冷却后的微观结构

　　根据上述物理及力学性质测试结果，液氮冷却引起的岩石损伤随岩石温度升高而加剧。其主要原因是，随岩石与液氮之间温差的增大，两者之间对流换热速率加快，增强液氮的"冷冲击"效应，从而产生更高的温度梯度和热应力，加剧岩石损伤[4]。对比三种冷却方式，液氮冷却引起的岩石损伤最大，其次为水浴冷却，自然冷却引起的损伤最小。不同于自然冷却，液氮和水与高温岩石接触后发生剧烈的沸腾。沸腾传热是一种高效的强化传热方式，冷却速率显著高于自然对流换热方式。因此，液氮冷却和水浴冷却诱导产生的热应力高于自然冷却，岩石损伤更显著。相对于水浴冷却，液氮冷却温度更低，可使岩石矿物颗粒发生更大的变形，矿物间胶结破坏更严重，这是液氮冷却下岩石损伤高于水浴冷却的主要原因。

4. 对压裂的影响

岩石力学性质的劣化对液氮压裂过程中裂缝起裂和扩展具有重大影响。Hossain 等[10]针对任意井筒形式开发了预测水力压裂裂缝起裂的通用模型，该模型适用于不同原位应力模式下的起裂压力预测。以未射孔的垂直井为例，裂缝起裂压力上限 $P_{wf,上限}$ 和下限 $P_{wf,下限}$ 分别为

$$P_{wf,上限} = 3\sigma_h - \sigma_H - P_p + \sigma_t \tag{2-1}$$

$$P_{wf,下限} = \frac{3\sigma_h - \sigma_H - 2\eta P_p + \sigma_t}{2(1-\nu)} \tag{2-2}$$

式中，σ_h 和 σ_H 分别为最小和最大水平主应力，MPa；P_p 为地层孔隙压力，MPa；σ_t 为岩石的抗拉强度，MPa；ν 为泊松比。

$$\eta = \frac{\alpha(1-2\nu)}{2(1-\nu)} \tag{2-3}$$

式中，η 为通过孔弹性常数 α 定义的参数。

液氮压裂过程中，在储层内部形成一个冷却区，冷却区内岩石收缩并产生热应力。在近井筒位置形成的热应力形式为拉应力，可有效降低原位局部地应力，对裂缝起裂产生显著影响。对于椭圆形冷却区域，沿最大和最小主应力方向的热应力 σ_{HT} 和 σ_{hT} 分别为[11]

$$\sigma_{HT} = \frac{E\beta\Delta T}{(1-\nu)\left[1+(b_0/a_0)\right]} \tag{2-4}$$

$$\sigma_{hT} = \frac{E\beta\Delta T(b_0/a_0)}{(1-\nu)\left[1+(b_0/a_0)\right]} \tag{2-5}$$

式中，a_0 和 b_0 分别为椭圆形冷却区域长半轴和短半轴长度；E 和 β 分别为地层岩石的弹性模量和热胀系数；ΔT 为温度变化量。将热应力公式式(2-4)和式(2-5)分

别代入式(2-1)和式(2-2)，裂缝起裂压力可表示为

$$P_{\text{wf,上限}} = 3(\sigma_h - \sigma_{hT}) - (\sigma_H - \sigma_{HT}) - P_p + \sigma_t \tag{2-6}$$

$$P_{\text{wf,下限}} = \frac{3(\sigma_h - \sigma_{hT}) - (\sigma_H - \sigma_{HT}) - 2\eta P_p + \sigma_t}{2(1-\nu)} \tag{2-7}$$

裂缝开启前，液氮冷却区域近似为圆形，冷却区域长半轴和短半轴长度可视为相等，即 $b_0 = a_0$。此外，由于干热岩地层无流体，地层孔隙压力设置为 0MPa。由此可将裂缝起裂压力简化为

$$P_{\text{wf,上限}} = 3\sigma_h - \sigma_H + \sigma_t - \frac{E\beta\Delta T}{(1-\nu)} \tag{2-8}$$

$$P_{\text{wf,下限}} = \frac{3\sigma_h - \sigma_H + \sigma_t - \dfrac{E\beta\Delta T}{(1-\nu)}}{2(1-\nu)} \tag{2-9}$$

由式(2-8)和式(2-9)可知，液氮冷却下裂缝起裂压力主要取决于原位地应力条件和岩石力学参数(包括弹性模量、泊松比和抗拉强度)。干热岩压裂过程中，地层岩石经历压裂液的快速冷却，使储层岩石发生大幅劣化。本试验中对岩石力学性质的劣化进行了测量，将试验测量数据代入模型公式，即可得到液氮压裂和水力压裂的裂缝起裂压力。

本算例中，地层最大和最小主应力分别设置为 55MPa 和 43MPa，岩石热胀系数设置为 $2.5 \times 10^{-6}°\text{C}^{-1}$，液氮压裂和水力压裂对应的井底流体温度分别为$-150°\text{C}$和 $50°\text{C}$。针对不同储层温度条件，两种压裂方式下裂缝起裂压力上限和下限计算结果如图 2-26 所示。显然，在相同储层温度条件下，液氮压裂的裂缝起裂压力显著低于水力压裂，说明液氮冷却引起的热应力和力学特性劣化可以有效降低高温硬岩的起裂难度，降低地面的施工压力。随储层岩石温度升高，液氮压裂和水力压裂的裂缝起裂压力均逐渐降低，说明高温储层受"冷冲击"的影响更加显著，高温储层更容易破裂。此外，液氮低温致裂效应还会对高温储层的裂缝扩展造成影响。液氮压裂过程中，迅速冷却引起的强热应力和岩石的力学性质劣化，不仅可以有效促进主裂缝生长延伸，还可以诱导产生垂直于主裂缝的次级裂缝。这些主裂缝和次级裂缝相互交叉，极大地增加了储层改造缝网的复杂程度。

二、岩石岩性的影响

对于不同岩性的高温岩样，液氮冷却下损伤劣化程度具有差异[12]。本节旨在对比液氮冷却下不同岩性岩样物理力学变化的差异，揭示不同类型岩石的损伤差异形成机制，分析液氮"冷冲击"作用对不同类型岩石的适用性。

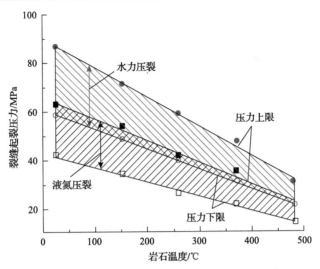

图 2-26　液氮压裂和水力压裂的裂缝起裂压力对比

1. 不同岩性岩石间渗透率变化差异

由前面分析可知，自然冷却对岩石的作用弱，冷却过程难以对岩石造成显著损伤，使自然冷却后的岩石物性与实时高温下的测试结果相当。因此，这里以自然冷却方式下的岩石物理力学性质作为基准，通过与液氮冷却下的岩石物理力学性质测试结果进行对比，分析液氮冷却引起的岩石物性变化。液氮冷却引起的岩石渗透率增长率 ΔK 可表达为

$$\Delta K = \frac{K_1 - K_a}{K_a} \tag{2-10}$$

式中，K_1 为经历加热和液氮冷却后的渗透率；K_a 为经历加热和自然冷却后的渗透率。

图 2-27 为经液氮冷却后不同岩石(砂岩、页岩和花岗岩)的渗透率增长率 ΔK。随岩石温度升高，液氮的"冷冲击"效应增强，液氮冷却引起的渗透率增长率提高。然而，不同岩石对液氮低温致裂作用的敏感程度不同，液氮冷却下三种岩石的渗透率增幅具有明显差异。花岗岩和页岩对液氮的"冷冲击"效应敏感，液氮冷却造成的损伤开裂显著，在 2MPa 测试围压下液氮冷却引起的渗透率增长率分别为 66.50%~166.26%和 42.22%~79.09%。相反，砂岩对液氮"冷冲击"具有较强的耐受性，损伤程度较低，液氮冷却后其渗透率增长率微小，仅为-4.29%~3.87%，显著低于页岩和花岗岩。可以看出，液氮低温致裂作用对花岗岩和页岩具有更好的适用性，而对高温干燥砂岩的作用效果有限。

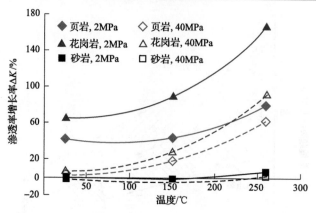

图 2-27　不同岩石经液氮冷却引起的渗透率增长率变化

2. 不同岩性岩石间力学特性变化差异

同样，以自然冷却的岩石单轴抗压强度为基准，与液氮冷却下的岩石单轴抗压强度进行对比。由于两种处理方式中岩样具备相同的加热过程，且自然冷却的"冷冲击"微弱，对岩石的损伤程度很低，液氮"冷冲击"引起的岩石抗压强度降幅 $\Delta\sigma_c$ 可表达为

$$\Delta\sigma_c = \frac{\sigma_{ca} - \sigma_{cl}}{\sigma_{ca}} \tag{2-11}$$

式中，σ_{ca} 为加热和自然冷却处理后岩石的抗压强度，MPa；σ_{cl} 为加热和液氮冷却处理后岩石的抗压强度，MPa。

图 2-28 对比了液氮冷却下三种岩石的抗压强度降幅 $\Delta\sigma_c$ 的差异。显然，无论对于单轴压缩还是三轴压缩测试，砂岩的 $\Delta\sigma_c$ 值均显著低于另外两种岩样。在室

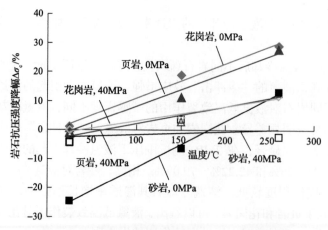

图 2-28　不同液氮冷却引起的岩石抗压强度降幅

温(25℃)条件下，砂岩的$\Delta\sigma_c$值甚至为负值，说明液氮冷却不但未对其造成损伤，相反使其强度得到一定程度的强化。对于室温(25℃)下的页岩和花岗岩，$\Delta\sigma_c$值近似为0，说明液氮冷却无法对室温岩石造成显著损伤。然而，随岩石温度升高，液氮冷却造成的力学强度劣化程度逐渐加剧。以单轴压缩测试为例，对于150℃的页岩和花岗岩，液氮冷却引起的抗压强度降幅分别为11.4%和18.9%；当温度升高至260℃，液氮冷却引起的抗压强度降幅分别增长至27.9%和29.0%。上述研究结果证明，液氮对于高温储层的致裂效果更好。因此，液氮在降低干热岩等深部高温硬岩破岩门限方面具有潜在的应用价值。

图2-29对比了经历液氮冷却和自然冷却后岩样的杨氏模量。可以看出，室温

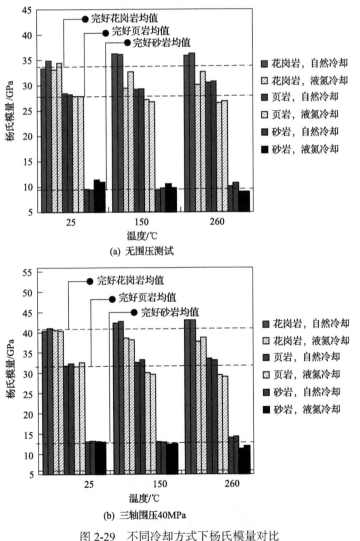

图2-29　不同冷却方式下杨氏模量对比

（25℃）条件下液氮冷却对岩石杨氏模量的影响不大。在 150℃ 和 260℃ 的高温条件下，花岗岩和页岩经历液氮冷却后岩石的杨氏模量低于自然冷却，且两种冷却方式下杨氏模量差值随温度升高而增大。杨氏模量结果与前面的渗透率增长率和抗压强度结果相一致，进一步证实了岩石高温对液氮"冷冲击"效应的强化作用，而且液氮对高温岩石的致裂效果更显著。

3. 不同岩性岩石间压缩破坏模式差异

图 2-30 对比了液氮冷却和自然冷却后花岗岩的压缩破坏模式。可以看出，室温（25℃）下的花岗岩呈现明显的劈裂破坏特征，断裂面倾角与轴向载荷方向几乎平行。但随着岩石温度升高，花岗岩压后的断裂面倾角（相对于轴向）逐渐增大，逐渐从劈裂破坏转化为剪切破坏模式。冷却方式对花岗岩的压缩破坏模式影响不大，对于具有相同温度的岩石，液氮冷却和自然冷却下岩石的压缩破坏模式相似。然而，不同于 25℃ 和 150℃ 的花岗岩，260℃ 的花岗岩压后在主裂缝周围可以观察到许多密集分布的局部裂纹，这些微裂纹的产生与岩石高温条件下液氮的"冷冲击"效应增强有关。

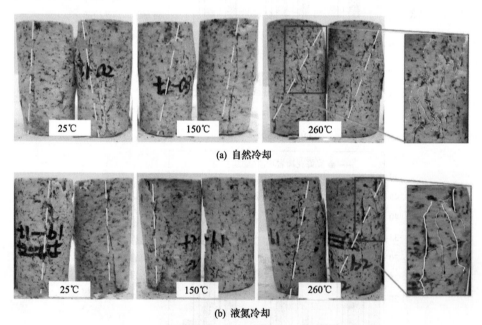

图 2-30　液氮冷却和自然冷却后花岗岩的压缩破坏模式

图 2-31 为液氮冷却和自然冷却后页岩的压缩破坏模式。可以发现，劈裂破坏是页岩的主要压缩破坏模式，压缩破坏模式不随温度升高而改变。相比于花岗岩和砂岩，页岩压后的完整性较差，出现严重的碎片剥落现象。对比不同的冷却方

式，液氮冷却后的页岩压后破坏更彻底，岩石完整度明显低于自然冷却后的页岩。这一点与前面的研究结果相对应，说明液氮冷却对页岩造成的损伤显著高于自然冷却。

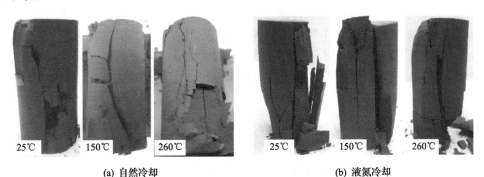

(a) 自然冷却　　　　　　　　　　　　(b) 液氮冷却

图 2-31　液氮冷却和自然冷却后页岩的压缩破坏模式

图 2-32 为自然冷却和液氮冷却后砂岩的压缩破坏模式。随岩石温度升高，砂岩从米黄色逐渐转换为红褐色。不同于花岗岩，在 25～260℃，砂岩的压缩破坏模式不随温度发生改变，始终呈现剪切破坏特征。冷却方式对其压缩破坏模式同样影响不大，液氮冷却和自然冷却下岩石的断裂面倾角相近。此外，砂岩压缩测试后表面裂缝单一，主裂缝周围无肉眼可见的局部微裂纹形成，进一步说明冷却处理未对砂岩造成明显的损伤。

(a) 自然冷却

(b) 液氮冷却

图 2-32　自然冷却和液氮冷却后砂岩压缩破坏模式

4. 岩石岩性的影响机制分析

由上述花岗岩、页岩和砂岩三种岩性岩样的对比结果可知，花岗岩对液氮"冷冲击"最为敏感，液氮冷却下其物性劣化程度最高，损伤最严重；其次为页岩；而干燥砂岩对液氮"冷冲击"的敏感程度最低，液氮冷却后其物理力学性质变化微弱。为揭示液氮冷却下不同岩样间物性变化差异的本质原因，从矿物的热物性非均质程度、微观孔隙结构和颗粒胶结特征三个方面进行对比分析。

1) 矿物的热物性非均质程度

晶间裂隙是液氮冷却下岩石的主要微观破坏模式，对岩石物理及力学性质的变化起主导作用。岩石晶间裂隙与相邻矿物间的热胀系数差异紧密相关，当岩石内矿物颗粒的热胀系数相对均匀时(相互之间差异不大)，矿物颗粒间的变形不匹配程度则相对较弱，变温条件下岩石的损伤程度相应较低。相反，当岩石内矿物颗粒的热胀系数非均质程度较高时，岩石矿物颗粒间的变形不匹配现象会更严重，从而会导致岩石内形成更显著的开裂损伤。

为定量评估岩石矿物颗粒的热胀系数非均质程度，引入了变异系数(coefficient of variation，VC)这一指标。变异系数是评估岩石各参数非均质程度的主要指标，在油藏储层渗透率的非均质性评价方面已广泛应用[13]。VC 值越高，表征参数的非均质性越强。岩石矿物热胀系数的 VC 值如下所示：

$$VC = \frac{\sigma}{\beta} \tag{2-12}$$

式中，σ 和 β 分别为岩石内矿物热胀系数的标准差和岩石的热胀系数。

表 2-5 中总结了不同岩石的单轴热胀系数，可以发现，石英矿物的含量越高，岩石的单轴热胀系数越大，石英矿物的热胀系数明显高于其余矿物。因此，为简化分析，将岩石内的矿物分为石英矿物和非石英矿物两大类。石英矿物和非石英矿物的热胀系数 β_q 和 β_{nq} 分别取 $20.45 \times 10^{-6} °C^{-1}$ 和 $6.8 \times 10^{-6} °C^{-1}$。基于岩石的矿物组成测试，则岩石的平均热胀系数 β_a 为

$$\beta_a = \beta_q \varphi + \beta_{nq}(1 - \varphi) \tag{2-13}$$

式中，φ 为岩石中石英矿物的含量，%。

表 2-5　不同岩样的 VC 计算结果对比

岩石类型	石英矿物含量/%	非石英矿物含量/%	单轴热胀系数均值/°C⁻¹	标准差	VC
砂岩	56.9	43.1	14.6×10^{-6}	6.794×10^{-6}	0.466
页岩	44.0	56.0	12.8×10^{-6}	6.810×10^{-6}	0.532
花岗岩	28.0	72.0	10.6×10^{-6}	6.160×10^{-6}	0.580

基于三种岩石的 X 射线衍射(XRD)测试结果(表 2-6),利用式(2-12)和式(2-13)计算得到三种岩石矿物热胀系数的 VC 值,结果如表 2-5 所示。可以看出,三种岩样中花岗岩的 VC 值最大,说明其内部矿物颗粒热物性的非均质程度最高,更容易产生晶间裂隙,因此液氮冷却下其损伤最为显著。相对于花岗岩和页岩,砂岩的 VC 值最低,说明其内部矿物颗粒热物性的非均质程度较低,液氮冷却作用下矿物颗粒的变形不匹配现象不显著,因此损伤程度相对较弱。综上所述,不同岩石间矿物颗粒的热胀系数非均质程度的差异是液氮冷却下各岩石损伤程度产生差异的主要原因之一。

表 2-6   各岩样 XRD 测试结果   (单位:%)

岩石类型	石英	钾长石	斜长石	方解石	白云石	石盐	角闪石	辉石	黏土矿物
花岗岩	28.3	15.7	41.9	1.0	1.9	0.8	1.0	5.8	3.6
页岩	44.1	1.9	0.7	18.8	12.6				20.6
砂岩	56.9	9.6	19.1	6.4					8.0

2)微观孔隙结构

孔隙结构对岩石液氮冷却下的损伤程度具有显著影响。岩石初始孔隙空间越大,其对热变形的容纳能力越强,从而有助于降低岩石内局部热应力幅值,减弱液氮冷却下的岩石损伤。通过扫描电镜对花岗岩、页岩和砂岩三种岩样的原始微观结构进行了观察,结果如图 2-33 所示。对于花岗岩和页岩,矿物颗粒之间紧密胶结,孔隙尺度较低,在几微米的量级。相反,砂岩矿物颗粒相对较大,排列疏松,孔隙尺度在几百微米量级,显著大于页岩和花岗岩的孔隙。砂岩较大的孔隙结构为液氮冷却过程中矿物颗粒的收缩变形提供了容纳空间,从而弱化了颗粒间的束缚,降低了岩石内的局部热应力和损伤程度。因此,较大的孔隙空间是导致砂岩损伤程度显著低于另外两种岩样的另一个重要因素。

(a) 花岗岩

(b) 页岩

(c) 砂岩

图 2-33　三种岩石微观结构对比

3）颗粒胶结特征

花岗岩为典型的火成岩，是早期成岩作用过程中岩浆活动的产物。当岩浆侵入上部地层后，发生冷却、结晶和硬化等作用，最终形成花岗岩。花岗岩属于晶质岩，内部矿物颗粒被增长的晶体紧密黏结在一起。这种紧密黏结的结构增加了岩石颗粒之间的束缚和热应力，因此使花岗岩在液氮"冷冲击"下更容易损伤开裂。不同于花岗岩，砂岩是一种典型的沉积岩，由风化沉积物经压实、胶结和蚀变等作用后形成，其形成深度通常低于花岗岩，因此颗粒之间排列较为疏松，对液氮"冷冲击"引起的变形具有更好的容纳能力。页岩同样属于沉积岩，但不同于砂岩，页岩对液氮"冷冲击"更为敏感，液氮冷却下损伤程度更高。这一现象与页岩天然的层理面结构有关。页岩是黏土物质经压实、脱水和重结晶形成的，成岩过程中形成大量的层理面。在层理面位置，通常颗粒间的胶结强度较弱，在液氮冷却过程中容易发生开裂，形成平行于层理面方向的宏观裂缝，如图 2-34 所示。

图 2-34　页岩液氮冷却后表面宏观裂缝

三、液氮循环冷却影响

液氮循环压裂是基于常规液氮压裂方法提出的新型压裂方法[14]，在液氮循环冷却作用下，干热岩等高温岩石经历循环冷却而出现热疲劳破坏，对岩石的物理性质和力学性质造成显著影响。

1. 物理性质演化规律

如图 2-35 所示，对于高温花岗岩，随液氮循环冷却次数的增加，岩石的渗透率增幅逐渐加大。相对于完好的花岗岩岩样，经历 10 次循环冷却后岩样的渗透率提高了 151%。然而，随循环冷却次数增加，渗透率增幅逐渐降低。当循环冷却次数从 10 次增长到 30 次时，渗透率仅提升 5%，远小于初始 10 次循环引起的渗透率增幅。因此，在液氮循环冷却作用下，高温花岗岩的渗透率提升主要发生在初始 10 次循环内，10 次循环冷却后岩样的渗透率增幅有限。在纵波波速方面，经历循环冷却处理后岩石的纵波波速下降，且下降幅值随循环冷却次数的增加而增大。与渗透率测试结果一致，纵波波速的变化同样仅发生在初始几个循环内，达到一定循环冷却次数之后，纵波波速不再持续下降。

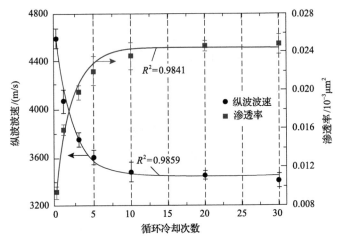

图 2-35　液氮循环冷却过程下干热岩(200℃)纵波波速和渗透率的演化规律

上述渗透率和波速的测试结果表明，增加液氮循环冷却次数有助于加剧高温岩石的损伤程度。在大温差液氮循环冷却处理过程中，岩石内部形成了交变的热应力，导致岩石内部发生热疲劳破坏，这些热疲劳破坏随循环冷却次数的增加而逐渐积累，从而使岩石的物性变化加剧。

2. 力学性质演化规律

1)应力-应变曲线

图 2-36 为经历不同次数液氮冷却处理后的花岗岩轴向应力-轴向应变曲线。

可以看出，花岗岩轴向应力-轴向应变曲线的屈服段不明显，应力在达到峰值后迅速衰减，呈现典型的脆性破坏特征。随循环冷却次数增加，轴向应力-轴向应变曲线斜率下降，应变峰值(峰值应力对应的应变)逐渐提升。

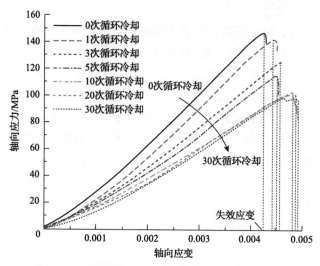

图 2-36　液氮循环冷却过程下干热岩(200℃)轴向应力-轴向应变曲线演化规律

2) 岩石力学强度

花岗岩为典型的脆性材料，其抗拉强度显著低于抗压强度。如图 2-37 所示，随液氮循环冷却次数的增加，岩石的抗拉强度和单轴压缩强度均逐渐衰减，但衰减速率逐渐降低。经历 10 次循环冷却后，花岗岩的抗拉强度和单轴压缩强度分别降低 32%和 31%。然而，从第 10 次循环到第 30 次循环，岩石的抗拉强度和单

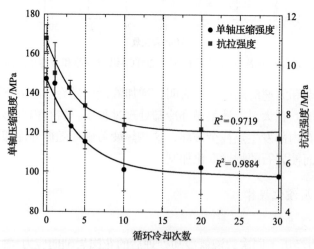

图 2-37　液氮循环冷却过程下干热岩(200℃)单轴压缩强度和抗拉强度的演化规律

轴压缩强度分别降低 6%和 3%，显著低于前 10 次循环的强度降幅。与渗透率和声波测试结果类似，液氮循环冷却下岩石的力学强度劣化主要发生于初始几次循环内。

3) 弹性模量和泊松比

如图 2-38 所示，花岗岩弹性模量的变化趋势与强度相似。弹性模量在初始 10 次循环内急速衰减，此后基本保持恒定。然而，与弹性模量变化规律不同，热—冷循环对花岗岩的泊松比无显著影响，其泊松比不随液氮循环冷却次数的增加而呈现明显的变化趋势，始终在 0.25～0.28 波动。

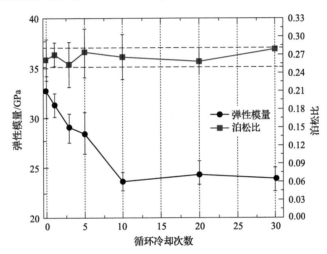

图 2-38　液氮循环冷却过程下干热岩(200℃)弹性模量和泊松比的演化规律

上述物理和力学性质的演化规律表明，随液氮循环冷却次数的增加，干热岩的损伤程度加剧，在达到一定循环冷却次数后，岩石物理力学性质不再持续劣化，损伤程度不再加剧，其原因主要可归结于两个方面：①岩石弹性模量的降低；②岩石孔隙空间的增长。热应力与岩石弹性模量呈正相关，在循环冷却过程中岩石的弹性模量逐渐降低，导致热应力随循环冷却次数逐渐下降。当热应力低于岩石强度后，花岗岩的损伤不再随后续循环冷却次数的增加而持续加剧。在孔隙空间方面，随循环冷却次数的增加，岩石内微裂缝数目和尺度增加，增大了岩石的孔隙空间，使岩石对矿物颗粒的变形具有更强的容纳能力，进一步降低了岩石内的热应力，减慢了岩石损伤的演化速率。

3. 循环加热温度的影响

图 2-39 为液氮循环冷却处理下不同温度(400℃和 200℃)花岗岩的纵波波速演化规律。对于 200℃的花岗岩，经历 1 次热—冷循环后岩石的纵波波速降低

11.3%，较 400℃花岗岩的纵波波速低 7.3%；经历 10 次热—冷循环后，400℃和 200℃花岗岩的波速降幅分别增长至 34.7%和 24.2%，两者之间差值增加至 10.5%。可以看出，较高的岩石温度有助于提升循环冷却的作用效果，加剧岩石的损伤劣化。随热—冷循环次数增加，两种温度花岗岩的波速差值逐渐增大，说明岩石高温有助于提高循环冷却下岩石的损伤劣化速率，液氮循环冷却作用对高温储层岩石效果更好。

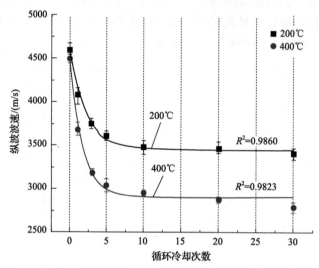

图 2-39　液氮循环冷却过程中不同加热温度条件下干热岩纵波波速演化对比

4. 花岗岩结晶粒度影响

针对两种具有不同结晶粒度的花岗岩岩样进行液氮循环冷却处理。图 2-40 为

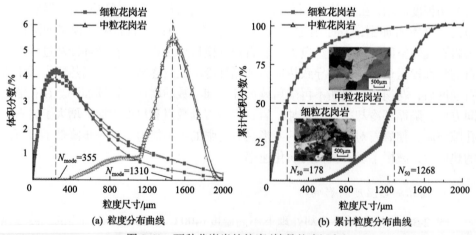

(a) 粒度分布曲线　　　　(b) 累计粒度分布曲线

图 2-40　两种花岗岩的粒度(结晶粒度)对比

N_{mode}-众数；N_{50}-中值

两种花岗岩的结晶粒度测试结果。粒度中值和众数是评价岩石粒度常用的两个指标，细结晶粒度(简称细粒)花岗岩的粒度中值和众数分别为 178μm 和 355μm，中结晶粒度(简称中粒)花岗岩的粒度中值和众数分别为 1268μm 和 1310μm，其平均颗粒粒度明显大于细粒花岗岩。

如图 2-41 所示，对于两种结晶粒度的花岗岩，细粒花岗岩对液氮循环冷却更加敏感，相同循环冷却次数下，细粒花岗岩的归一化渗透率和单轴抗压强度变化幅度更大，物理和力学性质的演化速率明显快于中粒花岗岩。晶间裂隙是岩石循环冷却下的主要微观破坏模式，虽然细粒花岗岩结晶颗粒尺寸和晶间裂隙尺度相对较小，但由于其晶间裂隙的数目显著多于中粒花岗岩，其在液氮循环冷却下的损伤劣化更显著。

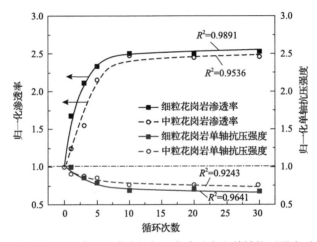

图 2-41   细粒和中粒花岗岩的归一化渗透率和单轴抗压强度对比

5. 液氮循环压裂技术的优势

基于上述研究结果，提出了液氮循环压裂的储层改造技术。该方法通过隔热管柱向干热岩储层周期性注入液氮进行压裂，使地层岩石经受循环冷却作用而持续劣化，在提升储层渗透率的同时，大幅降低裂缝的起裂压力，产生更长的主裂缝和更多的次级裂缝。在循环压裂过程中，岩石经受周期性交变的热应力和流体压力作用而发生疲劳破坏，主裂缝和次级裂缝不断扩展延伸。因此，相对于常规液氮压裂技术，液氮循环压裂形成的主裂缝更长，次级裂缝更发育，低温影响区域更大，缝网的复杂程度和导流能力均显著提升，如图 2-42 所示。

然而需要指出的是，对于液氮循环压裂技术，并非液氮循环注入的次数越多越好。试验研究表明，循环冷却作用下花岗岩损伤主要发生在初始几个循环内。10 个循环以后，渗透率的提升和力学性质的劣化幅度很小，对储层改造的贡献有限。因此，在实际工程应用中，需综合考虑成本和增产效果对液氮循环冷却次数进行合理优化。

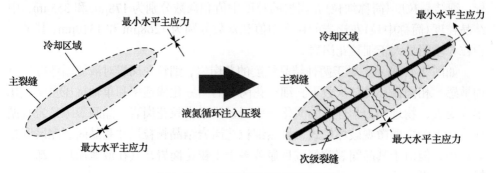

图 2-42　液氮循环压裂缝网示意图

参 考 文 献

[1] 蔡承政, 李根生, 黄中伟, 等. 液氮冻结条件下岩石孔隙结构损伤试验研究[J]. 岩土力学, 2014, 35(4): 965-971.

[2] Cai C Z, Li G S, Huang Z W, et al. Rock pore structure damage due to freeze during liquid nitrogen fracturing[J]. Arabian Journal for Science and Engineering, 2014, 39(12): 9249-9257.

[3] 黄中伟, 位江巍, 李根生, 等. 液氮冻结对岩石抗拉及抗压强度影响试验研究[J]. 岩土力学, 2016, 37(3): 694-700.

[4] Wu X G, Huang Z W, Song H Y, et al. Variations of physical and mechanical properties of heated granite after rapid cooling with liquid nitrogen[J]. Rock Mechanics and Rock Engineering, 2019, 52(7): 2123-2139.

[5] Chaki S, Takarli M, Agbodjan W P. Influence of thermal damage on physical properties of a granite rock: porosity, permeability and ultrasonic wave evolutions[J]. Construction and Building Materials, 2008, 22(7): 1456-1461.

[6] Heard H C, Page L. Elastic moduli, thermal expansion, and inferred permeability of two granites to 350℃ and 55 megapascals[J]. Journal of Geophysical Research Solid Earth, 1982, 87: 9340-9348.

[7] Dwivedi R D, Goel R K, Prasad V V R, et al. Thermo-mechanical properties of Indian and other granites[J]. International Journal of Rock Mechanics and Mining Sciences, 2008, 45(3): 303-315.

[8] Igarashi G, Maruyama I, Nishioka Y, et al. Influence of mineral composition of siliceous rock on its volume change[J]. Construction and Building Materials, 2015, 94: 701-709.

[9] Johnson W H, Parsons W H. Thermal Expansion of Concrete Aggregate Materials[M]. Washington: US Government Printing Office, 1944.

[10] Hossain M M, Rahman M K, Rahman S S. Hydraulic fracture initiation and propagation: Roles of wellbore trajectory, perforation and stress regimes[J]. Journal of Petroleum Science and Engineering, 2000, 27(3-4): 129-149.

[11] Perkins T K, Gonzalez J A. The effect of thermoelastic stresses on injection well fracturing[J]. Society of Petroleum Engineers Journal, 1985, 25(1): 78-88.

[12] Wu X G, Huang Z W, Zhang S K, et al. Damage analysis of high-temperature rocks subjected to LN_2 thermal shock[J]. Rock Mechanics and Rock Engineering, 2019, 52(8): 2585-2603.

[13] Ahmed T. Reservoir Engineering Handbook[M]. Oxford: Gulf Professional Publishing, 2018.

[14] Wu X G, Huang Z W, Cheng Z, et al. Effects of cyclic heating and LN_2-cooling on the physical and mechanical properties of granite[J]. Applied Thermal Engineering, 2019, (156): 99-110.

第三章　液氮与岩石间的传热特性

液氮的沸点极低，大气压下仅为–195.8℃。储层岩石的温度一般比液氮的沸点高 200℃以上，因而当液氮接触岩石表面后将发生强烈的沸腾和汽化现象。采用液体冷却起始温度较高(显著高于液体沸点)固体的方法称为淬火，因此采用低温液氮冷却高温储层岩石具备典型的淬火传热特征。研究液氮在岩石表面的淬火传热是理解和掌握液氮低温致裂岩石规律的基础，液氮传热速率的大小直接决定了岩石内部温度梯度和热应力的大小，对辅助致裂的效果有重要影响。本章通过室内实验分析液氮在接触岩石表面之后的瞬态传热规律，揭示岩石材料自身的特点对淬火传热的影响。

第一节　液氮淬火冷却岩石表面传热特征

一、实验装置与方法

1. 实验装置

为研究液氮对岩石表面的淬火冷却及传热规律，设计如图 3-1 所示的实验装置[1]。实验的思路是制备水平放置的圆柱岩样，并将其置于双层绝热容器中，将

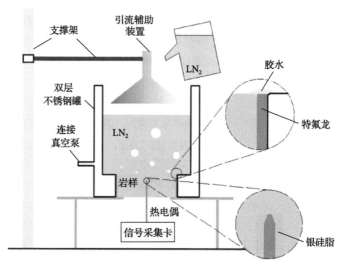

图 3-1　液氮淬火传热实验装置示意图

LN$_2$-液氮

液氮缓慢注入容器中并与水平岩石表面接触，同时利用热电偶测量岩石内部的实时温度。

实验装置包括支撑架、双层不锈钢罐、岩样、引流辅助装置和信号采集卡等。其中岩样为圆柱，直径 80mm，厚 30mm，淬火表面为水平的岩样上表面。双层不锈钢罐顶部和底部均为开口设计，其夹层与真空泵相接；对双层不锈钢罐抽真空可有效抑制环境漏热，从而减少实验中液氮的损耗和对岩样内部温度场的干扰。岩样置于双层不锈钢罐底部的开口处，与双层不锈钢罐壁面之间留有 3mm 的环空间隙，用特氟龙胶带填充该间隙。特氟龙材料具有极低的导热系数[0.25W/(m·K)左右]，可以进一步隔绝岩样的径向漏热，确保一维热传导，即岩样内的温度场仅沿淬火表面垂向变化。

如图 3-1 右上侧放大图所示，用胶水覆盖特氟龙与岩样和双层不锈钢壁面之间的连接缝隙[2]，主要目的是防止微间隙和凹陷引入额外的汽化穴，对淬火和沸腾产生影响。采用胶水覆盖有两方面优点：一是胶水具有一定的流动性，可形成光滑、无凹穴的表面；二是胶水遇液氮后迅速冻结，可牢固密封岩样、特氟龙和双层不锈钢罐之间的缝隙，完全避免液氮沿着缝隙渗漏。实验结果表明，以上处理方式效果良好，未见任何液氮渗漏的迹象。

为测量淬火过程中岩石内部的温度曲线，从岩样底部中心位置钻取直径为2mm 的小孔用于安置热电偶，孔底距离淬火表面2mm。采用欧米茄(OMEGA)生产的 T 形热电偶，直径为 1mm，量程为–200～50℃，测温精度为±0.1℃，热电偶的热响应时间低于 0.2s。如图 3-1 右下侧放大图所示，采用银硅脂填充热电偶与钻孔之间的间隙，银硅脂的导热系数[4.5W/(m·K)左右]与岩石材料较为接近，可作为理想的填充物。此外，银硅脂遇冷之后同样冻结，可有效防止热电偶松动。热电偶信号经由专用信号采集卡(USB7410，北京中泰研创科技有限公司)放大处理，结合 LabVIEW 平台进行读取和保存，实验中温度数据的采集频率为 10Hz。

实验所用液氮通过双层不锈钢罐顶部的开口注入，为了防止液氮直接冲击岩石表面，采用如图 3-1 所示的锥面作为引流辅助装置。液氮沿着圆锥面分散向下，流至双层不锈钢罐底部的垂直台阶表面，然后沿着水平方向掠过岩石表面。液氮的注入手动完成，注入速度控制在 50mL/s 左右。实验表明，液氮的注入速度对实验结果无显著影响。在双层不锈钢罐内壁面 10cm 的高度处留有红色标记，实验中通过间歇性补充液氮的方式将液氮浴的深度维持在 10cm 的水平。

图 3-2(a)给出了岩样与双层不锈钢罐相互配合的三维示意图，双层不锈钢罐底部留有圆形开口，底部的厚度与岩样厚度一致，岩样的直径略小于双层不锈钢罐的内径。图 3-2(b)为实验装置的实物照片，锥形面引流辅助装置由竖直钢管连接，固定于黑色支撑架的横梁上。

液氮淬火岩石表面的实验流程如下。

(1)在圆柱岩样侧面缠裹特氟龙胶带，缠裹厚度约为 3mm。将岩样置于双层不锈钢罐底部，利用长针头注射器将胶水覆盖在岩样、特氟龙胶带和双层不锈钢壁面的接缝处。

（2）将热电偶丝涂抹银硅脂，然后插入事先钻好的细孔内。确保热电偶探头与孔底面岩石紧密接触，并且银硅脂充满热电偶与细孔的间隙。

（3）连接真空泵管线和信号采集卡线路，安装锥形引流辅助装置，开启真空泵直至负压表显示已达到真空，启动采集程序开始温度信号的采集。

（4）利用保温容器盛装液氮，沿着锥形面将液氮缓慢倒入双层不锈钢罐内部直至液面到达标记红线位置。

（5）间歇性补充液氮，维持液面高度；当热电偶所测温度接近液氮温度并且基本不再变化时停止实验，单次淬火实验持续时间约为800s。

（6）实验结束后，将整个装置放于室内，待恢复室温后方可取出岩样进行下一组实验。

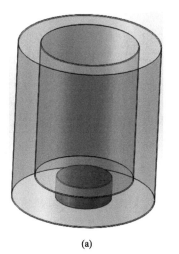
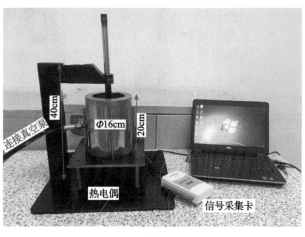

(a)　　　　　　　　　　　　　　　　(b)

图 3-2　岩样和双层不锈钢罐配合方式三维示意图(a)和实验装置照片(b)

2. 岩样制备

制备三种岩性的岩样，分别为砂岩、页岩和花岗岩，各岩样在室温条件下的基本物理性质见表 3-1。先采用岩石取心机钻取圆柱岩心作为坯料，再用岩石切割

表 3-1　室温条件下岩样的基本物理性质[3,4]

岩样类型	孔隙度/%	单轴抗压强度/MPa	密度/(kg/m³)	导热系数/[W/(m·K)]	比热容/[J/(kg·K)]
砂岩	18.6	41.99	2505.8	2.843	983.67
页岩	4.76	90.62	2561.7	3.71	1072
花岗岩	0.7	147.6	2630.2	3.60	971.9

机按照 30mm 的间隔逐块切割出圆盘状岩样。对于砂岩，选取细粒、均质的岩石进行加工；对于页岩，垂直于页岩层理进行取心。切割完成之后，用砂轮将岩样的上下两面打磨平整并用水清洗干净，得到原始的岩样，如图 3-3 所示。

(a) 砂岩　　　　　　　　　　(b) 页岩　　　　　　　　　　(c) 花岗岩

图 3-3　三种岩样的原始状态照片

岩样直径均为 80mm

实验前分别用 800 目和 1500 目的砂纸对原始岩样的上表面进行打磨，在两个正交方向分别打磨 300 次以上，以获得相对平滑的岩石表面。采用丙酮清洗岩石表面以去除有机杂质成分，最后用清水洗净并进行烘干处理。为了对比岩石材料和传统金属材料在液氮淬火传热方面的差异，制备紫铜试样作为对照组。紫铜试样的尺寸与所用岩样完全一致，采用电火花技术在紫铜内部钻孔以安装热电偶。同样采用砂纸打磨和丙酮清洗的方法对紫铜试样的表面进行预处理。

3. 误差分析

实验的直接测量数据是淬火过程中热电偶的读数，需利用非线性反传热算法计算得到岩石表面温度和热流密度结果，在数值计算中需要用到岩石的热物性参数。数据处理结果的误差来源于两个方面：一是热电偶温度数据自身包含的误差，二是岩石热物性参数的不确定度。如图 3-4 所示，采用试算的方式分别对以上两种因素引起的误差进行定量评价。其中，热电偶温度数据的偏差是由岩石内部的测温孔和漏热引起的；热物性参数方面，岩石的导热系数、密度和比热容的不确定度分别为 $\pm 0.1 \mathrm{W/(m \cdot K)}$、$\pm 10 \mathrm{kg/m^3}$ 和 $\pm 30 \mathrm{J/(kg \cdot K)}$。独立计算不同因素对结果误差的贡献，最后由平方求和法得出数据处理结果的总误差。

图 3-5 给出了岩石表面温度和热流密度的误差结果，其中岩石表面温度采用绝对误差、热流密度采用相对误差表示。从图 3-5 中可以看出，测温孔和漏热因素引起的误差在实验末尾阶段达到最大，而在实验前半段即 400s 之前则比较小。这是由于在实验初期，岩石的温度尚处于较高水平，与周围环境的温差较小，漏热较少，而到了实验后期，岩石温度显著降低，与环境之间的温差加大，漏热逐渐增强；而且实验后期岩石表面的热流密度较小，此时热流密度的相对误差最大，

如图 3-5(b)中蓝线所示。另外，岩石的 3 种热物性引起的计算结果误差均明显小于测温孔和漏热的影响，说明后者是本实验测算结果误差的主要来源。

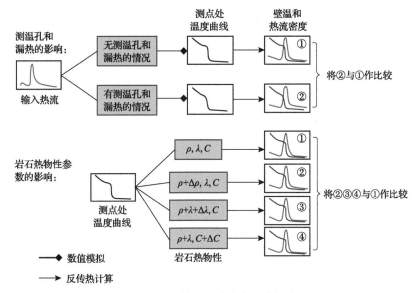

图 3-4　实验结果不确定度的分析方法

ρ-密度；λ-导热系数；C-比热容；$\Delta\rho$-密度不确定度；$\Delta\lambda$-导热系数不确定度；ΔC-比热容不确定度；图中蓝色线表示壁温，红色线表示热流密度

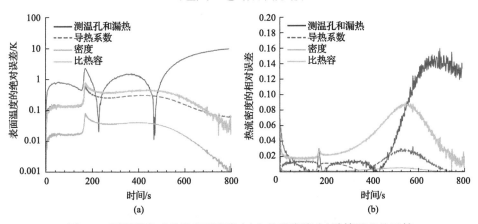

图 3-5　不同因素对砂岩表面温度(a)和热流密度(b)计算误差的贡献

将图 3-5 中各因素引起的误差求平方和再开方，可获得实验结果的总体不确定度，其结果列于表 3-2 中。本实验的重点研究内容集中在淬火过程的前半段，包括膜态沸腾热流密度、莱顿弗罗斯特(LFP)温度及热流密度的峰值大小；淬火后半段为核态沸腾，其重要性相对较低。而从实验结果的不确定度分析，淬火过程前半段的计算误差较低，有利于开展研究。

表 3-2　不同岩样实验结果的总体不确定度

岩样类型	表面温度/K		热流密度/%	
	最大误差	前半段误差	最大误差	前半段误差
砂岩	10.4	<2.7	16.3	<8
页岩	7.8	<3.3	18.2	<4
花岗岩	9.47	<2.4	16.7	<6

二、液氮沸腾模式的转变

1. 温度和热流密度变化特征

图 3-6 为砂岩岩样连续 3 次的淬火实验温度测量结果，可见 3 次实验结果基本重合，证明了实验结果具有良好的可重复性。

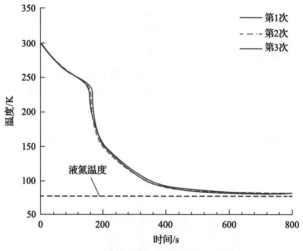

图 3-6　砂岩岩样连续 3 次的淬火实验结果

对温度曲线的特征进行分析。如图 3-6 所示，在液氮淬火过程中岩石内部的温度先后经历了 3 个变化阶段。在 160s 前，温度曲线较为平缓，此时的平均温降速率约为 0.38℃/s。从 160s 开始，温度曲线出现转折点，曲线斜率明显增大，说明此时的传热强度有突然上升的趋势。随后，温度曲线再次变缓，400s 后温度基本不再继续降低，说明此时岩石的温度已接近液氮的沸点，淬火过程逐渐结束。淬火过程中温度的上述变化趋势对应着岩石表面热流密度的不同演变阶段，图 3-7 是根据非线性反传热算法获取的砂岩表面热流密度与温度关系曲线，其中横坐标为壁面过热度，即岩石表面温度与液氮沸点温度的差值。淬火传热初期，壁面过热度最高，而此时热流密度较小，低于 $1.5 \times 10^4 \text{W/m}^2$。该传热阶段称为膜态沸腾，热流密度水平较低的原因是液氮汽化形成的蒸气层阻隔了岩石与液氮之间的接触。当岩石表面温度降低至某一点时，上述蒸气层开始崩塌瓦解，液氮与岩石表面直接接触，导致传热强度和热流密度迅速增大。该传热阶段称为过渡沸腾，分别对应图 3-6 和图 3-7 中温度的加速降低和热流密度的突然升高，蒸气层开始瓦解时的岩石表面温度则称为 LFP 温度[5-9]。热流密度升至峰值后，蒸气层已完全消失。随着岩石表面温度的进一步降低，传热模式进入核态沸腾，此时热流密度逐步降低直至为零。

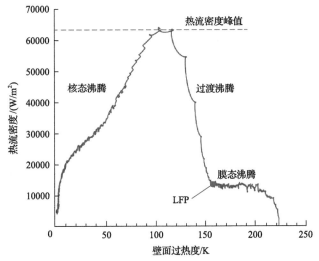

图 3-7　砂岩表面热流密度与温度关系曲线

　　液氮不同的沸腾模式示意图如图 3-8 所示：膜态沸腾阶段的蒸气层处于周期性波动状态。过渡沸腾阶段局部位置出现固液直接接触并且伴随剧烈的气泡核化，此时气液界面的震荡最为剧烈。核态沸腾阶段固液完全接触，气泡周期性地由岩石表面的汽化核心生长并脱落。

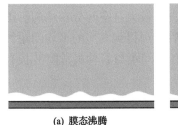
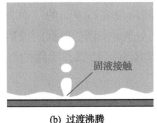
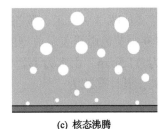

(a) 膜态沸腾　　　　　　(b) 过渡沸腾　　　　　　(c) 核态沸腾

图 3-8　液氮不同沸腾模式的示意图

　　从温度测量和热流密度计算结果来看，淬火传热中液氮不同的沸腾模式对应着截然不同的热交换强度。整个淬火过程的平均传热速率主要受膜态沸腾的限制，膜态沸腾持续时间越长则总体的淬火传热越慢。仅当膜态沸腾结束(蒸气层瓦解)后，淬火传热才进入高速率模式，由图 3-7 可知进入过渡沸腾之后岩石表面的热流密度增大了 4 倍左右。当利用液氮冷却岩石并对其产生致裂效果时，膜态沸腾的存在将显著抑制传热速率和热应力的大小，不利于岩石微裂缝的扩展。膜态沸腾结束后，传热速率增大，相应的热应力和致裂效果也将显著提升。因此，深入研究液氮在岩石表面的淬火传热特征尤其是膜态沸腾的结束点(图 3-7 中的 LFP 点)对掌握液氮低温致裂岩石的规律是至关重要的。

2. 气泡形态特征

图 3-9 为利用高速摄影拍摄的液氮淬火过程中的沸腾气泡图像，包括液氮在砂岩表面的膜态沸腾和核态沸腾阶段。图 3-9 中的拍摄角度为垂直俯视，拍摄曝光时间为 1/500s。在拍摄过程中液氮的液面高度维持在较低的 2cm 水平，目的是能看清固体表面附近的气泡。

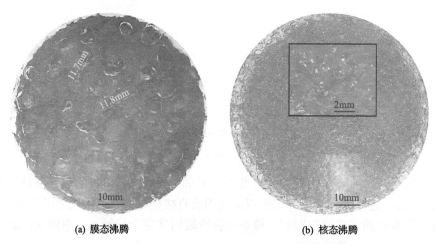

(a) 膜态沸腾　　　　　　　　　　　　　(b) 核态沸腾

图 3-9　液氮淬火砂岩表面的沸腾气泡图像

如图 3-9 所示，膜态沸腾阶段岩石表面的气泡直径较大且空间分布均匀。图 3-9 中黄色虚线表示典型的两处气泡间距，根据图像后处理得到气泡的平均间距约为 11.5mm。由水力不稳定性原理可知膜态沸腾的气泡间距与泰勒最危险波长有关，其计算式为[10-12]

$$\lambda_D = 2\pi \sqrt{\frac{3\sigma_{Lv}}{g(\rho_L - \rho_v)}} \tag{3-1}$$

式中，λ_D 为泰勒最危险波长，m；σ_{Lv} 为气液表面张力，N/m；g 为重力加速度，m/s^2；ρ_L 为液体密度，kg/m^3；ρ_v 为蒸气密度，kg/m^3。

将大气压下液氮的饱和物性代入式(3-1)得到 λ_D=0.0116m,该结果与实验中测得的气泡间距基本一致。实际上,膜态沸腾阶段蒸气层和上方的液氮构成气液两相泰勒不稳定系统,而泰勒最危险波长则对应着增长速度最快的界面微扰动,因此膜态沸腾的气泡倾向按照泰勒最危险波长为间隔进行排列。图3-9也说明了液氮淬火岩石表面过程确实存在膜态沸腾的传热阶段,在该阶段固液之间被蒸气层隔开,传热主要受水动力学特性的控制。

与膜态沸腾相比,核态沸腾阶段的气泡表现出明显的差异。图3-9(b)中的照片为核态沸腾阶段的气泡,其中红色方框为局部放大图。该阶段的气泡直径和间距明显减小但数量明显增多,此时的气泡并非由气液界面产生,而是直接从岩石表面的汽化核心生长。岩石表面分布大量的微孔穴、空隙,为气泡的核化提供了有利的条件,下节将详细讨论岩石表面的微观结构对液氮淬火传热的影响机制,此处不再赘述。

三、LFP温度的意义及其影响因素

1. LFP温度的意义

LFP温度是淬火传热的重要参数,它是膜态沸腾结束时对应的固体表面温度,也是蒸气层开始崩塌的临界温度。如图3-10所示,当固体温度降至LFP温度水平时传热速率突然上升,因此相对较高的LFP温度意味着淬火更早地进入高速率传热模式。在液氮致裂岩石过程中,LFP温度高有利于缩短膜态沸腾的时间,即传热和热应力较弱的阶段,可加快岩石表面热应力的累积速度,对岩石的致裂起促进作用。

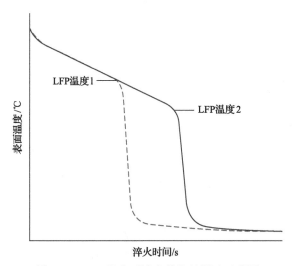

图3-10　LFP温度对淬火传热的影响示意图

2. 岩石材料特性对 LFP 温度的影响

与一般的金属相比，岩石属于多种矿物颗粒的胶结体，其物性与金属存在较大差异。岩石的导热系数比金属铜或者铝低两个数量级，岩石内部具有独特的孔隙结构，此外岩石材料的非均质特征也是一般金属材料所不具备的。为了研究岩石材料自身的属性对液氮淬火 LFP 温度的影响，将砂岩的实验结果与相同形状的金属铜试件进行比较，如图 3-11 所示。

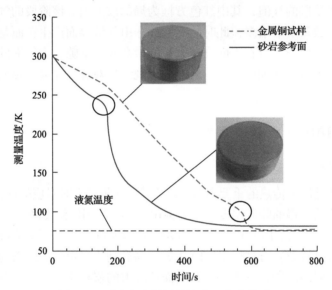

图 3-11　砂岩与金属铜的淬火温度曲线对比

对于图 3-11 中的两种淬火表面，均采用相同的 1500 目砂纸进行打磨，实验前均用丙酮和清水对其表面进行清洗，去除有机杂质。从图 3-11 中可见，砂岩和金属铜均表现出完整的 3 个淬火传热阶段：以砂岩为例，温度曲线在 160s 之前较为平缓，对应膜态沸腾传热；之后温度开始加速降低，表明蒸气层开始崩塌，进入过渡沸腾阶段，热流密度迅速上升；在 400s 之后温度曲线基本为水平线且温度已接近液氮的温度，表示淬火过程接近结束。而金属铜试样的温度曲线直至 570s 附近才出现转折点，在此之前均为膜态沸腾阶段。因此，砂岩与金属铜最大的区别便在于 LFP 温度(图 3-11 中黑色圆圈所示)，砂岩表面的 LFP 温度显著高于金属铜，从而导致其膜态沸腾的持续时间比铜缩短了约 12%，整体的淬火传热速率显著提高。

图 3-12 对比了两种材料的热流密度计算结果，根据热流密度突然上升点对应的温度可知，金属铜的 LFP 温度为 106K，而砂岩为 235K，砂岩比金属铜高出 130K 左右。

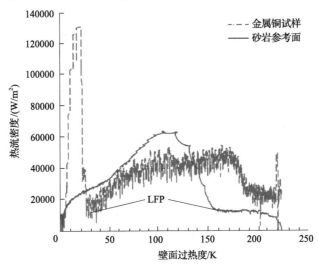

图 3-12 砂岩和金属铜的淬火热流密度曲线对比

为了分析两种材料在 LFP 温度方面的显著差异，分别获取了砂岩和金属铜表面的扫描电镜图片，如图 3-13 所示。从金属铜的扫描电镜图片可见纵横交错的砂纸打磨痕迹，擦痕分布均匀、深度较浅。总体上，金属铜的表面更为平整、密实，几乎无凹穴、孔洞等缺陷存在；而砂岩的扫描电镜图片则明显不同，在岩石表面分布有大量的坑状结构，从进一步放大图看到凹坑内部为大量不同尺寸的矿物颗粒随机堆积。观察发现，砂岩表面可归纳为具有分级尺寸的多孔结构，孔隙尺度从数微米到数百微米不等。孔隙及凹穴具有自组装的特点，可为液氮的沸腾提供丰富的汽化核心。文献[13]～[20]中已揭示了固体壁面的多孔结构影响 LFP 温度的机制：膜态沸腾中液面处于周期性波动状态，液体可与固体发生瞬间接触；对于光滑平整的壁面，固液接触不影响膜态沸腾的稳定性；而当固体壁面分布大量孔

图 3-13 砂岩(a)和金属铜(b)的扫描电镜图片

隙结构时，固液接触可引发高密度的气泡核化现象，产生的气泡加剧了气液界面的波动，最终导致膜态沸腾提前结束。壁面凹穴产生气泡核化的温度条件为[15]

$$T_{\mathrm{w}} = T_{\mathrm{sat}} \exp\left(\frac{2\sigma_{\mathrm{Lv}} v_{\mathrm{Lv}}}{R_{\mathrm{c}} h_{\mathrm{Lv}}} \right) \tag{3-2}$$

式中，T_{w} 为气泡核化所需的最低固体壁面温度（即成核温度），K；T_{sat} 为液氮的饱和温度，K；v_{Lv} 为液体和气体的比体积之差，m^3/kg；R_{c} 为凹穴的半径，m；h_{Lv} 为液氮的汽化潜热，J/kg。

　　根据式(3-2)的结果，假设砂岩和金属铜表面各有半径为 10μm 和 0.1μm 的凹穴，则金属铜表面的气泡成核比砂岩表面高 16K。因此，相同条件下金属铜表面比砂岩表面产生气泡的难度更大。在相同的壁面温度下，砂岩表面因为其凹穴尺度范围广，产生气泡核化的概率更高，所以更能诱使膜态沸腾向过渡沸腾转变，对应的 LFP 温度也更高。砂岩表面大量分布的多尺度孔隙和凹穴是其 LFP 温度较高的主导因素之一。

　　岩石材料 LFP 温度显著高于金属铜的另一主要原因是岩石的低导热特性，当膜态沸腾中出现短暂的固液接触时可引起岩石表面局部温度降低，即形成"冷点"。而固体的导热系数越小，局部温度降低就越显著，"冷点"温度就越低。如果局部温度低至不足以继续维持蒸气层稳定存在的水平，则蒸汽层将从该点位置开始瓦解，随后向其他区域延伸。在蒸气层开始瓦解时岩石表面的平均温度尚处于较高水平，因此便造成其表观 LFP 温度被提高的现象[21-25]。简言之，岩石的低导热特性加剧了固液接触时局部区域温度的不均衡，使蒸气层在岩石表面平均温度尚高的条件下提前崩塌，因此 LFP 温度获得提高。图 3-14 为计算得到的砂岩在膜态沸腾中固液接触引起的局部温度降低，图中蓝线代表砂岩表面的平均温度，红色虚线则表示固液接触瞬间由热传导和蒸发吸热[26,27]共同导致的局部温度降低。当砂岩表面的平均温度为 238K 时，一次瞬间的固液接触可致使接触点处的温度降至 118.6K，比平均温度约低 120K。若将 Berenson[28]模型的结果作为蒸气层崩塌判据：

$$T_{\mathrm{LFP}} = T_{\mathrm{sat}} + 0.07 \frac{\rho_{\mathrm{v}} h_{\mathrm{Lv}}}{k_{\mathrm{v}}} \left[\frac{g(\rho_{\mathrm{L}} - \rho_{\mathrm{v}})}{\rho_{\mathrm{L}} + \rho_{\mathrm{v}}} \right]^{2/3} \left[\frac{\sigma_{\mathrm{Lv}}}{g(\rho_{\mathrm{L}} - \rho_{\mathrm{v}})} \right]^{1/2} \left[\frac{\mu_{\mathrm{v}}}{g(\rho_{\mathrm{L}} - \rho_{\mathrm{v}})} \right]^{1/3} \tag{3-3}$$

式中，T_{LFP} 为不考虑固体物性条件下的 LFP 温度，K；k_{v} 为蒸气的导热系数，W/(m·K)；μ_{v} 为蒸气的黏度，Pa·s。

　　则估算的砂岩的 LFP 温度约为 234K，与实验结果非常接近。岩石材料的多孔富集和低导热特征对液氮淬火的 LFP 温度形成了显著影响，使 LFP 温度相对金属铜显著提高，从而大大缩短了膜态沸腾时间。上述特征可促进液氮与岩石之间的热交换，构成液氮低温致裂岩石的有利因素[29]。

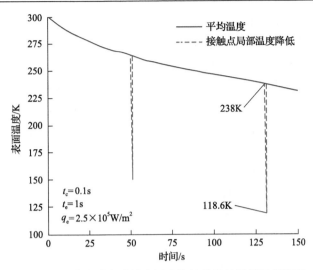

图 3-14 砂岩在膜态沸腾中固液接触引起的局部温度降低

t_c-热传导时间；t_e-蒸发时间；q_e-热流密度

第二节 岩性及表面形貌对传热的影响

一、不同岩性的实验结果对比

图 3-15(a)和(b)分别对 3 种岩样的液氮淬火温度曲线和热流密度结果进行了比较，从定性的角度看，3 种岩样的实验结果均包含了膜态沸腾、过渡沸腾和核态沸腾的淬火传热阶段。不同岩样的差异主要体现在 LFP 温度上，页岩的膜态沸腾持续时间最长，其次是砂岩和花岗岩，即 LFP 温度由高到低的顺序为花岗岩、

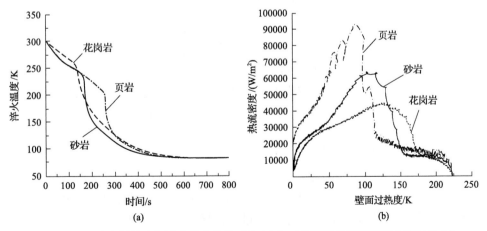

图 3-15 三种岩样的液氮淬火温度曲线对比(a)和三种岩样的热流密度曲线对比(b)

砂岩、页岩。由图 3-15(b)可知，3 种岩样热流密度峰值由高到低的顺序是页岩、砂岩、花岗岩，该顺序恰与 LFP 温度相反。图 3-16 单独列出了不同岩样的 LFP 温度和热流密度峰值结果，图中的误差棒为多次重复实验结果的统计标准差。不同岩性淬火传热特征的差异主要与微观结构和矿物组成有关，页岩相较于砂岩孔隙度更低，其表面的微孔、凹穴数量少，能提供的汽化核心也少，因此页岩表面对蒸气层稳定性的干扰和破坏更弱，LFP 温度便较低。花岗岩的特点是包含云母和石英/长石等性质不同的矿物，图 3-3(c)中肉眼可见黑色云母和白色石英/长石相间排列。由于不同矿物热物性的差异，在膜态沸腾中花岗岩表面的温度分布更为不均衡，而温度的不均衡性有利于蒸气层从局部的"冷点"开始瓦解崩塌，因而花岗岩的非均质性促进了膜态沸腾的终结，提高了 LFP 温度值。

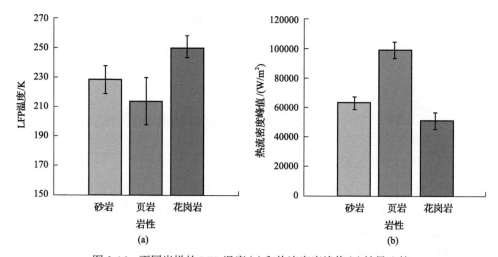

图 3-16　不同岩样的 LFP 温度(a)和热流密度峰值(b)结果比较

　　LFP 温度的提高意味着蒸气层崩塌时岩石表面的平均温度更高，这将导致蒸气层崩塌区域的扩展速度变慢，进而影响过渡沸腾阶段温度的降低速率。图 3-15(a)中花岗岩在过渡沸腾阶段的曲线斜率明显小于页岩，相应地，花岗岩的热流密度峰值也明显低于页岩。因此，蒸气层从岩石表面局部点开始崩塌，随后蔓延至全部区域的这一特点是 LFP 温度和热流密度峰值变化趋势相反的主要原因。

二、岩石表面复杂形貌的影响

　　在实际的钻井与完井工程中，岩石表面通常为凹凸不平的几何形貌，并且伴有碎屑颗粒等物质的覆盖。为研究岩石表面复杂的几何形貌对液氮淬火传热的影响规律，制备砂粒覆盖和凹槽刻痕两种砂岩试样，如图 3-17 所示。对图 3-17 中两种岩石表面进行液氮淬火实验，以模拟实际地层工况，考察对传热的影响。

(a)　　　　　　　　　　　　　　　(b)

图 3-17　砂粒覆盖(a)和凹槽刻痕(b)两种岩石表面

砂粒覆盖表面是通过在砂岩上均匀铺设 50～70 目的石英砂所得，石英砂是最常用的支撑剂类型之一[30]。在铺砂之前先在岩石表面轻刷一层胶水，然后利用一定目数的筛网将石英砂粒均匀撒落在岩石表面。在淬火过程中胶水结冰将铺设的砂粒充分固定，实验前后未见任何的砂粒脱落现象。凹槽刻痕由机床刻刀加工而成，刻痕呈正交等距排列，间距为 5mm。图 3-18 展示了砂粒覆盖和凹槽刻痕的三维形貌，可见石英砂粒的粒径约为 400μm，凹槽刻痕的深度约为 300μm。

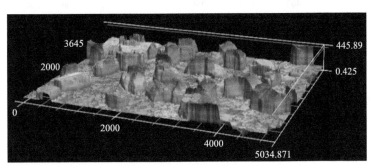

(a) 砂粒覆盖结构

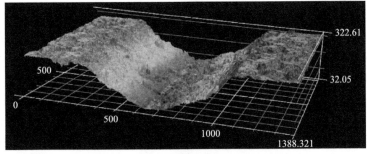

(b) 凹槽刻痕结构

图 3-18　砂粒覆盖(a)和凹槽刻痕(b)结构的三维形貌(单位：μm)

　　图 3-19 为有无砂粒覆盖两种情况下的实验结果对比，以胶水覆盖的岩样表面作为参考面可以独立研究砂粒覆盖本身的影响。由图 3-19(a)可见，砂粒覆盖表面结构显著提高了液氮淬火的传热强度，淬火温度曲线明显向左偏移。针对无砂粒覆盖的砂岩表面，膜态沸腾持续时间大于 200s，而砂粒覆盖结构表面的膜态沸腾时间仅为 140s。砂粒覆盖结构提高了膜态沸腾阶段的传热效率，温度曲线斜率更大。图 3-19(b)为经过反传热算法处理得到的热流密度曲线，其中热流密度的计算均采用公称的岩石表面积，即投影面积。由图 3-19 可见，两组曲线的区别主要在于膜态沸腾阶段，而过渡沸腾和核态沸腾阶段则基本重合。

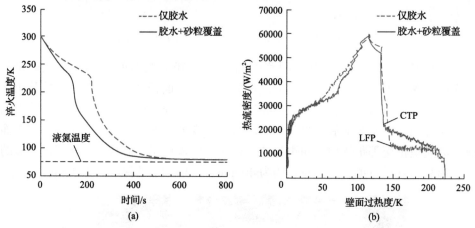

图 3-19　砂粒覆盖表面的淬火温度曲线(a)和热流密度曲线(b)

CTP-临界过渡点

　　石英砂粒强化淬火传热的机制主要有两个，第一是砂粒的尺寸超过蒸汽层的厚度，可在膜态沸腾中"穿透"蒸气层引发固液直接接触。根据一维导热假设，可近似计算膜态沸腾中蒸气层的厚度[31]：

$$\delta_{\text{film}} = k_{\text{v}} / h_{\text{film}} \tag{3-4}$$

式中，δ_{film} 为蒸气层的厚度，m；h_{film} 为膜态沸腾阶段的传热系数，W/(m²·K)。

　　结合式(3-4)和砂岩岩样的膜态沸腾数据，得到本实验中蒸气层的厚度在 120～150μm，远小于石英颗粒大小。因此，砂粒可以轻易穿透蒸气层与液氮直接接触，进而引发膜态沸腾的不稳定。

　　第二是换热面积的增加。将砂粒形状等效为立方体，边长为 400μm，颗粒浓度为 1.5 个/mm²，计算可得砂粒覆盖表面的有效换热面积比平整表面高出近一倍。如果传热系数不受砂粒的影响，则岩石表面的热通量将增大一倍。图 3-19(b)中，壁面过热度为 150K 时砂粒覆盖的表面的热流密度确实显著高于无砂粒覆盖的表面，说明石英砂粒的表面积对液氮淬火传热的强化具有一定贡献。

图 3-20 为砂岩刻痕表面的淬火温度曲线和热流密度曲线，图中的参考面指平整无刻痕的岩石表面。与铺砂表面类似，刻痕结构对液氮淬火传热具有明显的强化作用，并且强化程度更高。从室温开始温度下降 120K 参考面用时 200s 而刻痕表面仅用 100s。热流密度方面，刻痕表面的膜态沸腾热流密度显著高于参考面，而过渡沸腾和核态沸腾热流密度的区别较小。刻痕结构的强化传热效果归因于其对蒸气层稳定性的破坏，刻痕的深度约为蒸气层厚度的两倍，刻痕的高低起伏形貌可能影响了膜态沸腾中蒸气层的稳定性，在刻痕两边的拐角处可能诱发固液接触，从而对淬火传热具有强化作用。此外，凹槽结构同样增大了岩石的表面积，从而产生了更多的汽化核心，为气泡的产生提供条件，对膜态沸腾产生了显著影响。

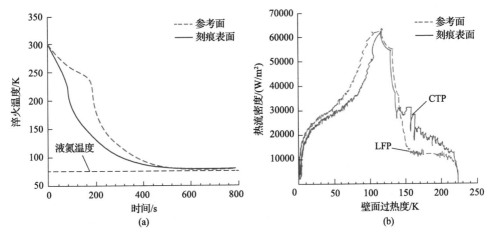

图 3-20　砂岩刻痕表面的淬火温度曲线(a)和热流密度曲线(b)

第三节　液氮淬火传热的可视化分析

一、可视化实验

为了观察液氮在岩石表面沸腾模式的转变过程，设计如图 3-21(a)所示的可视化实验装置[32]，包括双层玻璃杜瓦瓶、淬火试样组合、高速摄像机、LED 光源、信号采集卡和电风扇、计算机等辅助设备。双层玻璃杜瓦瓶采用高硼硅材料制成，具有热胀系数小的特点。杜瓦瓶为双层结构，底部密封、顶部开口，夹层为真空；瓶身高度 200mm，内径 160mm，环空夹层厚度约为 20mm。淬火试样组合主要包括圆柱岩样、热电偶丝和不锈钢细管。圆柱岩样的直径为 1in[①]，长度为 60mm。在岩样顶部钻取 2mm 细孔直至岩样的几何中心位置，在孔内下入外径同为 2mm

---

① 1in=2.54cm。

的不锈钢细管，细管内部穿入热电偶丝，测温探头与孔底岩石紧密接触。采用改性硅胶对热电偶丝、不锈钢细管和岩样壁面进行黏接，同时对细孔出口处进行密封，以防止液氮渗入测温孔内部。不锈钢细管对淬火岩样整体起到加固作用，减轻其在淬火过程中的晃动。在实验架悬臂梁的尾端留有通孔，不锈钢细管穿过通孔由螺丝进行紧固，可实现淬火试样在竖直方向上的自由移动。

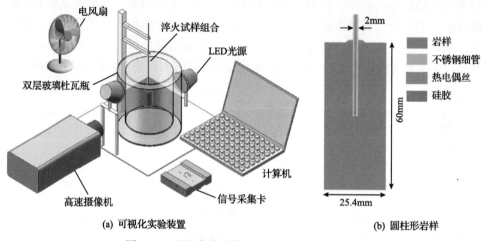

(a) 可视化实验装置　　　　　　　　　　　　　　(b) 圆柱形岩样

图 3-21　　可视化实验装置(a)及圆柱形岩样(b)

采用 Phantom V310 高速摄像机对淬火过程进行可视拍摄，其与岩样位于同一水平线，镜头正对双层玻璃杜瓦瓶。拍摄的空间分辨率和帧率分别为 800 像素×600 像素(单像素大小为 0.17mm)和 100 帧/s。为了获取清晰的淬火图像，须防止双层玻璃杜瓦瓶外壁面遇冷结霜。实验结果发现，双层玻璃杜瓦瓶内产生的低温氮气溢出瓶口向下扫掠玻璃外壁是外壁面结霜的主要原因。因此，利用电风扇的气流将溢出双层玻璃杜瓦瓶的低温氮气及时驱散，电风扇置于实验台侧面，距离双层玻璃杜瓦瓶 1.5m。调节风扇的风力大小以获得最佳的氮气驱散效果，同时不会影响淬火试样组合的稳定性。利用 LED 光源对双层玻璃杜瓦瓶进行前后打光，前侧光源的位置高于岩样和高速摄像机镜头的光轴并且呈俯视角度，光线照射岩样表面之后反射至高速摄像机镜头，可获得明亮的岩石表面和液氮沸腾的图像。

二、淬火前缘的产生和移动

图 3-22 为利用高速摄像机得到的砂岩岩样在液氮浴中的淬火图像，图中时间标签表示淬火从开始持续的时间。三幅图分别对应淬火传热的膜态沸腾、润湿过程(过渡沸腾)和单相对流阶段。在膜态沸腾时岩样表面被液氮汽化产生的蒸气层完全覆盖，从录制的视频文件中可见气液界面呈周期性波动，界面的运动状态较为平稳；由于气液界面对光线的反射作用，膜态沸腾阶段的岩石表面较为明亮。

在约 40s 时，液氮首先润湿岩样的底部边缘处，标志着过渡沸腾阶段的开始。液氮对岩样表面的润湿是从局部位置开始，随后逐渐向其他位置扩展，即蒸气层的崩塌方式为扩展式崩塌。如图 3-22（b）所示，在 62s 时液氮的润湿区域已扩展至岩样的中部位置，红色箭头指示位置为润湿区域的边缘，本书称之为淬火前缘。反复实验发现，砂岩岩样的润湿始终从圆柱的上下两端开始，然后向中间扩展，并且上下两个淬火前缘的移动速度不同；下方的淬火前缘扩展速度大于上方的淬火前缘扩展速度，两个前缘最终合并于圆柱的上 2/3 位置附近。在液氮润湿区域岩样表面的亮度降低，从图像中利用颜色的变化可肉眼分辨淬火前缘的位置，为后续的数值分析奠定了基础。图 3-22（c）中，液氮已完全润湿岩样表面，此时岩石表面温度基本接近液氮温度，沸腾现象结束，传热模式为单相对流换热，对应的热流密度渐趋于零。

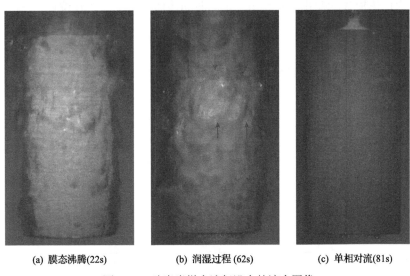

(a) 膜态沸腾(22s)　　　　(b) 润湿过程(62s)　　　　(c) 单相对流(81s)

图 3-22　砂岩岩样在液氮浴中的淬火图像

膜态沸腾阶段，液氮和蒸气层的运动状态较为平稳，气液界面呈现正弦波的形式向上运动。当液氮润湿岩石表面之后，可见明显的气泡核化，在岩石表面产生大量的气泡并逃逸气液界面，引起气液界面剧烈的扰动。在淬火前缘位置，气、液、固三相共存且互相影响，气泡扰动、液体蒸发、表面张力和瞬态导热等因素共同作用[33,34]，使淬火前缘位置的传热强度高于岩样表面的其他位置。分析淬火前缘的运动规律及其传热特征对理解液氮深冷淬火过程具有重要意义。

砂岩的淬火过程与文献中金属棒试样的淬火过程存在较大不同，液氮从砂岩的上下两端润湿并逐步向中部延伸，而金属棒在水中的淬火则为从试样底部开始润湿，随后淬火前缘一直向上扩展至试样顶端[14,35]。此外，液氮在岩石表面的淬火前缘扩展过程持续时间超过 20s，而金属棒试样的淬火前缘扩展速度明显快于砂岩，前缘的扩展时间一般仅为几秒。Yamanouchi[36]基于两区域传热模型发展了淬火前缘扩展速度的理论计算式，结果表明淬火前缘扩展速度与固体的导热系数呈正相关，因此岩石的低导热特性是液氮淬火前缘扩展缓慢的主要原因。

　　岩样中心的温度变化趋势与拍摄得到的淬火演变过程一致，图 3-23 中温度曲线先缓慢下降，随后在 60s 之后开始加速降低，80s 之后曲线趋于平稳不再变化，温度的上述变化阶段分别对应着：①膜态沸腾，蒸气层完全包裹岩样；②过渡沸腾，液氮开始润湿岩石表面并且润湿区域逐步扩展；③液氮完全润湿岩石表面，进入完全核态沸腾和单相对流传热阶段。注意到热电偶所测温度曲线的阶段变化与高速摄像机观察到的结果存在时间延迟，这主要是由于热传导的滞后性。本书中岩石材料的导热性能与金属比较相对较差，并且热电偶距离岩石表面较远(12.7mm)，导致岩石表面传热模式的变化需要经历一定的时间传播至热电偶所在位置。

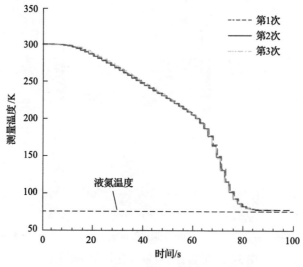

图 3-23　岩样中心处的测量温度-时间曲线

三、淬火过程的数值模拟分析

　　上一小节借助高速摄像机给出了液氮淬火圆柱岩样过程的定性描述，为了得到该淬火过程的定量信息，包括岩石表面热流密度的时空分布和淬火前缘的移动速度，本小节建立数值模型模拟液氮淬火传热的动态过程。利用 MATLAB 软件结合有限体积法进行编程，设计岩石表面的热流密度分布并计算岩样中心的温度变化。热流密度的设计依据是计算所得的岩样中心温度与热电偶实测值一致，同时模拟所得的淬火前缘位置须与高速摄像机观测结果一致。数值模拟的输入信息是淬火过程中热电偶的测温结果和高速摄像机拍摄的淬火前缘位置，输出结果是岩石表面的热流密度大小及其变化特征。基于热流密度和岩石表面壁温之间的关系，可从传热的角度分析液氮淬火圆柱岩样的特征。

1. 模拟方法

图 3-24(a)为模拟计算的几何域，以岩样中心线为对称轴将问题简化为二维，图中 $R=12.7$mm 和 $L=60$mm 分别为岩样的半径和长度。岩样的初始温度场为均匀室温，在岩样外表面施加指定的热流密度然后求解二维瞬态导热问题，计算中考虑岩样热物性随温度的变化[37]。柱坐标系下的导热控制方程表示为

$$\frac{\partial T}{\partial t} = \frac{\lambda}{\rho C_{\mathrm{p}}}\left[\frac{\partial^2 T}{\partial z^2} + \frac{1}{r}\frac{\partial}{\partial r}\left(r\frac{\partial T}{\partial r}\right)\right], \ r \in [0,R], z \in [0,L], t > 0 \tag{3-5}$$

式中，t 为时间，s；λ 为岩石的导热系数，W/(m·K)；ρ 为岩石的密度，kg/m³；C_{p} 为岩石的比热容，J/(kg·K)；r 为径向坐标，m；z 为轴向坐标，m。

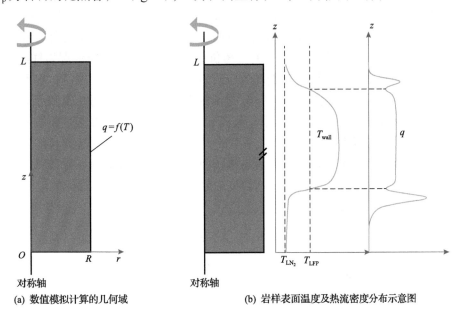

(a) 数值模拟计算的几何域　　　(b) 岩样表面温度及热流密度分布示意图

图 3-24　数值模拟计算的几何域(a)和岩样表面温度及热流密度分布示意图(b)

R、L-岩样的半径和长度；q-淬火热流密度；T-表面温度；$T_{\mathrm{LN_2}}$、T_{LFP}-液氮温度和 LFP 温度；T_{wall}-侧壁温度

坐标系的原点 O 位于计算域的左下顶点，初始条件表示为

$$T(r,z,0) = T_0, \ r \in [0,R], z \in [0,L] \tag{3-6}$$

式中，T_0 为岩石初始温度(300K)。

边界条件方面，岩样表面的热流密度与表面温度有关；当表面温度较高时传

热模式为膜态沸腾，热流密度处于较低水平；当表面温度降低至 LFP 温度以下时液氮开始润湿岩样表面，此时热流密度开始上升直至达到峰值水平；随着表面温度的进一步降低，热流密度逐渐减小为零。由于计算域的形状为矩形，同一时刻岩样表面温度并不相等，可能出现膜态沸腾和过渡沸腾在岩样表面共存的情况，两种沸腾模式的交界线即为淬火前缘的位置。由于岩样表面温度和热流密度的非均匀分布，无法采用反传热算法直接得到热流密度随时间的演变关系，须单独确定热流密度与表面温度之间的关系，由局部表面温度确定当地的热流密度大小。

由以上分析可知，液氮淬火圆柱岩样数值模拟的关键是确定热流密度随表面温度的变化关系，即 $q=f(T)$ 的函数曲线形状，该曲线同样应包括典型的 3 个沸腾传热阶段。先确定膜态沸腾段的 $q=f(T)$ 函数曲线，膜态沸腾的热流密度可参考反传热计算的结果，原因是膜态沸腾阶段蒸气层完全包裹岩石，岩样表面温度分布相对均匀，并且此时圆柱上下两端的端部效应对中心位置的温度影响较弱，可将导热过程近似为极坐标系下的一维问题。

图 3-25 给出了砂岩岩样淬火温度曲线和利用反传热算法[38,39]计算而得的岩样表面热流密度随时间的变化。由于在反传热计算中假设了一维径向热传导，图 3-25 中热流密度数据仅前半段具有参考价值；在淬火后期液氮润湿岩样两端，导致岩石轴向温度分布不均匀，端部效应开始影响中心位置的温度场，导致一维热传导假设不再成立。从图 3-25 中 50s 之前的数据看，膜态沸腾热流密度的平均值约为 25000W/m²，热流密度随时间逐渐降低。在设计 $q=f(T)$ 函数曲线的膜态沸腾段时，可参考以上结果，使热流密度的大小在 25000W/m² 附近并且随着表面温度降低而降低。本节采用直线型膜态沸腾曲线，调整直线的斜率并计算岩样中心的温度直至计算温度与实测温度吻合度较好，即完成膜态沸腾曲线的设计。

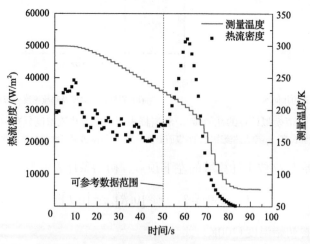

图 3-25　砂岩岩样淬火温度曲线和利用反传热算法所得热流密度

　　得到膜态沸腾段曲线之后，需要确定淬火的 LFP 温度值，即指定液氮开始润湿岩样表面时的固体壁面温度。LFP 温度的确定可借助高速摄像机的拍摄结果，假设拍摄结果显示从淬火开始之后的 t' 时刻液氮首先润湿岩样的两端部位，则从室温开始对岩样表面施加膜态沸腾热流密度直至时间 t'，此时的岩样端部温度即可认为是 LFP 温度。当给圆柱岩样的外表面施加热流密度时，岩样上下端部边缘位置温度降低最快，在同一时刻端部边缘处的温度最低，此即液氮率先润湿岩样上下两端部位的原因。在编程计算时，遍历岩样外表面所有节点的温度值，若节点温度低于设定的 LFP 温度则认为液氮已润湿该节点，对应的热流密度为过渡沸腾热流密度，若节点温度高于 LFP 温度则对该节点继续施加膜态沸腾热流密度。

　　过渡沸腾段曲线的形状主要取决于热流密度峰值的大小，通过试算发现热流密度峰值的选取主要影响淬火前缘的扩展速度及岩样中心温度的下降速率，因此在设计过渡沸腾段曲线时须同时兼顾热电偶数据和高速摄像机拍摄结果。本实验中观察到上下两处的淬火前缘扩展速度不同，说明两个淬火前缘对应的热流密度峰值也应不同。如果两个淬火前缘均设计同样的过渡沸腾段曲线，则出现上下两处的淬火前缘扩展速度相等、前缘汇合位置位于岩样正中央的情况，与实验观察结果相悖。有人对淬火前缘扩展速度不相等进行了解释，如 Nada[40]、Nada 等[41]、Lienhard 和 John[42] 运用实验研究了蒸气运动方向对淬火前缘扩展速度的影响，发现当蒸汽向上运动时可对向下扩展的淬火前缘形成阻滞效应，导致相同条件下向上扩展的淬火前缘速度高于向下扩展的淬火前缘速度。在本实验中，液氮汽化产生的蒸气在浮力作用下竖直往上运动，因此可阻碍上部淬火前缘的扩展，而下部淬火前缘的扩展则不受蒸气运动的影响。据此，针对上下两处淬火前缘设计不同的热流密度峰值，下部淬火前缘的热流峰值大于上部淬火前缘。此外，两处淬火前缘对应的膜态沸腾曲线和 LFP 温度值保持一致。

　　随着岩样表面温度的进一步降低，热流密度从峰值开始降低直至为零，此段为核态沸腾曲线。计算表明，核态沸腾段的曲线形状对岩样中心温度影响较小，属于沸腾曲线设计的次要部分。

　　基于以上思路，图 3-24(b) 给出了淬火前缘扩展过程中岩样表面温度及热流密度的分布示意图。岩样表面温度呈中间高、两端低的特点，并且由于淬火前缘扩展速度不同，岩样下部的低温区范围更大。温度的上述分布特征便于在编程中对上部和下部淬火前缘进行区分和识别：假设 z_i 和 z_{i+1} 为相邻两个节点的轴向坐标且 $z_{i+1} > z_i$，如果有 $T(z_{i+1}) > T(z_i)$，则认为 i 节点与下部淬火前缘有关，相应的沸腾曲线热流密度峰值较高；否则认为 i 节点与上部淬火前缘有关，相应的热流密度峰值较小。图 3-24(b) 中以 LFP 温度为分界线，高于该温度的区域处于膜态沸腾，热流密度较低且与温度正相关；当达到 LFP 温度时热流密度为局部最小值，随后迅速上升至峰值。图 3-24(b)中示意下部的热流密度峰值高于上部的热流密度峰值，导致下部的淬火前缘扩展速度更快，最终两处淬火前缘汇合于岩样的上半部分位置。

图 3-26 为本节数值模拟方法的流程示意，在确定沸腾曲线当中的各参数时综合利用了热电偶的温度数据和高速摄像机拍摄的淬火前缘位置信息。由于热电偶距离岩石表面较远，热传导的滞后和耗散效应导致无法仅通过温度数据来推测岩石表面的传热情况；而通过高速摄像机观察到液氮开始润湿岩石表面的时间以及随后淬火前缘在每一时刻的位置，以上信息对确定 LFP 温度和热流密度峰值起重要的辅助作用。

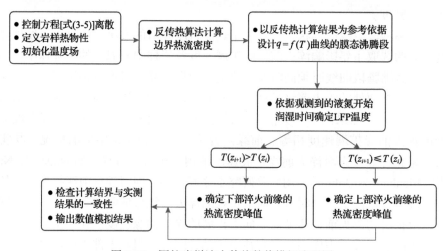

图 3-26　圆柱岩样淬火传热数值模拟流程图

2. 网格独立性验证

本小节考察数值模拟中的网格尺寸和时间步长对计算结果的影响，图 3-27 为不同的网格尺寸和时间步长组合情况下得到的 70s 时刻岩样中心温度的计算值。选取 70s 时刻的原因是在此时岩样中心温度的变化速率最快，如图 3-23 所示，因此该时刻最能反映网格尺寸和时间步长对计算结果的影响。图 3-27 中黑色三角形标志为保持时间步长为 0.05s 而改变计算单元数量，红色方形标志为保持网格大小(单元数量为 19500)不变而改变时间步长。图 3-27 中的结果表明，计算单元数量对计算结果基本无影响；而时间步长对计算结果有一定的影响，随着时间步长的减小岩样中心温度略有下降。图 3-27 中不同数据点之间的最大偏差小于淬火过程总温降的 5%，综合考虑计算成本和精度后，本节数值模拟统一采用时间步长 0.05s 和网格尺寸 0.2mm(单元数量为 19500)。图 3-27 中圆圈标识的数据点代表数值模拟中实际采用的参数组合。

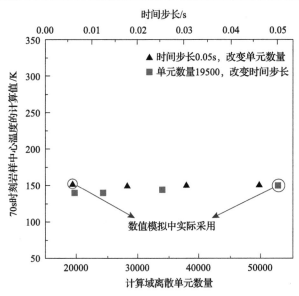

图 3-27 网格尺寸和时间步长对模拟结果的影响

3. 模拟结果分析

针对圆柱岩样的淬火实验数据，通过数值模拟获得了岩样表面的沸腾曲线，如图 3-28 所示。图 3-28 中分别给出了上部和下部淬火前缘对应的沸腾曲线，两条曲线在膜态沸腾段相互重合，主要区别在于热流密度峰值的大小，下部淬火前缘的峰值明显高于上部淬火前缘的峰值。图 3-28 中同时列出了前人的相关实验数据和关联式，包括 Lienhard 和 John 的 CHF 关联式[42]：

$$\text{CHF} = 0.1492 h_{\text{Lv}} \sqrt{\rho_{\text{v}}} \left[\sigma_{\text{Lv}} g \left(\rho_{\text{L}} - \rho_{\text{v}} \right) \right]^{0.25} \tag{3-7}$$

Bromley[31]和 Berenson[28]的膜态沸腾关联式分别为

$$h = C_1 \left[\frac{h'_{\text{Lv}} g \rho_{\text{v}} \lambda_{\text{v}}^3 \left(\rho_{\text{L}} - \rho_{\text{v}} \right)}{\mu_{\text{v}} L_{\text{c}} \Delta T_{\text{sat}}} \right]^{0.25} \tag{3-8}$$

$$h = 0.425 \left[\frac{h'_{\text{Lv}} g \rho_{\text{v}} \lambda_{\text{v}}^3 \left(\rho_{\text{L}} - \rho_{\text{v}} \right)}{\mu_{\text{v}} \Delta T_{\text{sat}}} \right]^{0.25} \left[\frac{\sigma_{\text{Lv}}}{g \left(\rho_{\text{L}} - \rho_{\text{v}} \right)} \right]^{-1/8} \tag{3-9}$$

式中，h 为膜态沸腾传热系数，$\text{W}/(\text{m}^2 \cdot \text{K})$；$\Delta T_{\text{sat}}$ 为壁面过热度，K；C_1 为常系数；L_{c} 为系统的特征长度；g 为重力加速度；ρ、λ、μ 分别为密度、导热系数、动力黏度；下标 L 和 v 分别表示液体和蒸气；下标 sat 表示流体的饱和状态；h'_{Lv} 为考

虑了蒸气过热后的气液相变焓。

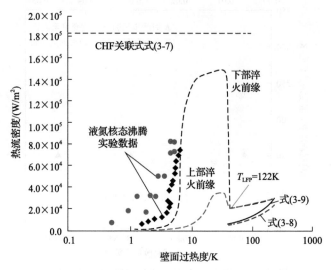

图 3-28　圆柱岩样的淬火传热沸腾曲线模拟结果

根据 Bombardieri 和 Manfletti[11]的液氮稳态池沸腾数据及 Matsekh 和 Pavlenko[43]的液氮沸腾实验数据，式(3-8)中特征长度 L_c 取岩样长度 60mm，常系数 C_1 取 0.943，对应竖直壁面膜态沸腾且气液界面无滑移的情况。

图 3-28 中下部淬火前缘的热流密度峰值约为上部淬火前缘的热流密度峰值的 4 倍，表明淬火前缘的扩展方向对传热有显著的影响。下部淬火前缘的热流密度峰值大于文献中液氮稳态沸腾的 CHF 值，Starodubtseva 和 Pavlenko[33]、Starodubtseva 等[34]同样发现瞬态淬火传热的热流密度峰值高于稳态沸腾的 CHF 值；该现象与淬火前缘附近剧烈的气泡运动、液体蒸发对气液界面的扰动有关，使得淬火前缘附近的传热得到强化。岩样下部前缘的热流密度峰值同时大于水平砂岩表面的淬火热流密度峰值，说明竖直表面的淬火前缘位置传热更为剧烈。可能的原因是竖直壁面气泡的运动方向与淬火前缘扩展方向相同，促进了前缘附近的固液接触，在高速摄像机录制的视频中可见淬火前缘位置产生大量的气泡，固液接触频繁；而水平岩石表面气泡的运动方向与淬火前缘扩展方向正交，气泡对固液接触的发生无促进效应。Lienhard 和 John 的 CHF 关联式[式(3-7)]预测结果大于本书的淬火热流密度峰值和文献中的稳态沸腾的 CHF 实验数据，该结果主要与固体的热物性有关；Lienhard 和 John 的 CHF 关联式[式(3-7)]仅包括水力学因素，不包括固体的导热性能影响，而本书所用的岩石材料以及文献中所用的不锈钢和硬铝合金均具有导热系数小的特点，限制了热流密度峰值或 CHF 的大小。

数值模拟得到的膜态沸腾热流密度高于 Bromley 和 Berenson 的关联式[式(3-8)和式(3-9)]的结果，这是由于 Bromley 和 Berenson 的关联式[式(3-8)和式

(3-9)]均假设蒸气层内气体的流动状态为层流,而 Hsu 和 Westwater[44]则发现竖直加热面膜态沸腾中蒸气层内的流动倾向湍流形式,从而强化了对流换热。该结果说明竖直砂岩岩样表面的蒸气层内为湍流,而水平砂岩表面蒸气层内为层流,导致了膜态沸腾热流密度的上述差异。LFP 温度方面,竖直圆柱砂岩岩样的 LFP 温度仅为 122K,显著低于水平岩石表面的 LFP 温度,但仍高于金属铜的 LFP 温度。引起上述差异的可能原因包括淬火方式的不同、热电偶安装位置的不同及方位角自身对 LFP 温度的影响,该结果需要进一步深入研究。

图 3-29 比较了数值模拟计算所得的岩样中心温度和实测结果,其中实测结果以阴影窄带的形式表示,阴影窄带的宽度代表数据的不确定度,包括测温孔的干扰及重复实验的数据分散度两方面。由图 3-29 可见,数值模拟得到的岩样中心温度曲线与实测结果吻合度较高,两者的偏差基本落于不确定度阴影范围之内,该结果证实了本节数值模拟方法的正确性和准确性。

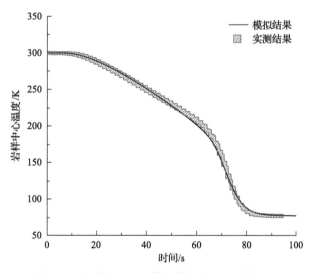

图 3-29　岩样中心温度模拟结果与实测结果对比

基于数值模拟结果,得到了不同时刻岩样表面的温度场分布。图 3-30 比较了3 个典型时刻的温度场模拟结果和高速摄像机图像,其底部的温度标尺仅适用于模拟所得的温度云图。模拟计算域为二维轴对称旋转单元,将计算域外边界的温度分布绕对称轴旋转一周得到图 3-30 中的岩样表面温度场。当处于膜态沸腾阶段时,岩样表面的温度总体均匀,在上下端边缘处温度最低,因此液氮率先润湿该位置。在 43s 时,拍摄图像的右下角可见明显的液氮润湿迹象;与此对应,模拟得到的温度场中岩样底端温度显著降低,云图颜色为深蓝。62s 时,深蓝色区域扩展至岩样中上部位置,下部的润湿区扩展速度大于上部的润湿区,与可视观测结果一致。由于润湿区与未润湿区温度具有显著差异,仅从温度云图的颜色差异便可分辨出淬火前缘的位置。从图 3-30 中可见，模拟计算得到淬火前缘位置与高速摄像机拍摄到的淬火前缘位置吻合度较高，再次验证了本节模拟方法的正确性。

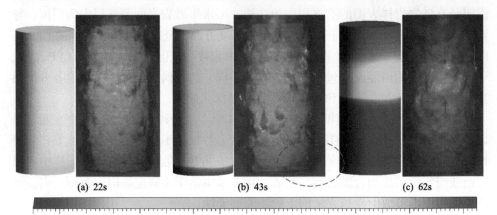

(a) 22s　　　　　　　　(b) 43s　　　　　　　　(c) 62s

77.00　90.52　104.03　117.55　131.06　144.58　158.09　171.61　185.12　198.64　212.15　225.67　239.18　252.70　266.21　279.73　293.24

温度/K

图 3-30　数值模拟温度场与高速摄影图像对比

从热应力的角度考虑，淬火前缘位置附近存在剧烈的温度梯度，可引起较大的热应力。在淬火过程中，岩样表面热应力的最大值可能存在于淬火前缘附近，因此液氮淬火传热的特征直接影响热应力的产生和分布规律，对于深入理解液氮低温致裂岩石的机理至关重要。

本章主要通过室内实验研究了液氮在静置条件下冷却岩石表面的瞬态传热规律，依据实测的温度-时间数据反演或者推算岩石表面的热流密度大小。结果表明：液氮冷却岩石表面的过程中存在膜态沸腾阶段，其传热强度低、不利于岩石表面温度的快速降低；另外，岩石材料自身的多孔和低导热特征可提高淬火 LFP 温度，从而缩短膜态沸腾的持续时间；钻井与完井工况中岩石表面的颗粒覆盖和凹凸不平形貌可进一步提高传热强度，加速岩石的冷却。总的来说，膜态沸腾不利于淬火传热速率的提高，而岩石材料的物性特征和石油工程实际工况构成强化淬火传热的有利因素，可提高液氮低温致裂的效果。

参 考 文 献

[1] Li R, Huang Z W, Wu X G, et al. Cryogenic quenching of rock using liquid nitrogen as a coolant: Investigation of surface effects[J]. International Journal of Heat and Mass Transfer, 2018, 119: 446-459.

[2] Jones B J, McHale J P, Garimella S V. The influence of surface roughness on nucleate pool boiling heat transfer[J]. Journal of Heat Transfer, 2009, 131 (12): 315-320.

[3] 蔡承政. 液氮低温致裂岩石机理与射流流场研究[D]. 北京: 中国石油大学(北京), 2015.

[4] 黄中伟, 位江巍, 李根生, 等. 液氮冻结对岩石抗拉及抗压强度影响试验研究[J]. 岩土力学, 2016, 37(3): 694-700.

[5] Bernardin J D, Mudawar I. A cavity activation and bubble growth model of the Leidenfrost point[J]. Journal of Heat Transfer, 2002, 124 (5) : 864-874.

[6] Chun S Y, Bang I C, Choo Y J, et al. Heat transfer characteristics of Si and SiC nanofluids during a rapid quenching and nanoparticles deposition effects[J]. International Journal of Heat and Mass Transfer, 2011, 54 (5-6) : 1217-1223.

[7] Duignan M R, Greene G A, Irvine Jr T F. Measurements of the film boiling bubble parameters on a horizontal plate[J]. International Communications in Heat and Mass Transfer, 1989, 16 (3) : 355-366.

[8] Fan L W, Li J Q, Li D Y, et al. Regulated transient pool boiling of water during quenching on nanostructured surfaces with modified wettability from superhydrophilic to superhydrophobic[J]. International Journal of Heat and Mass Transfer, 2014, 76: 81-89.

[9] Fan L W, Li J Q, Zhang L, et al. Pool boiling heat transfer on a nanoscale roughness-enhanced superhydrophilic surface for accelerated quenching in water[J]. Applied Thermal Engineering, 2016, 109: 630-639.

[10] Zuber N. Hydrodynamic aspects of boiling heat transfer (thesis) [D]. Los Angeles: University of California, 1959.

[11] Bombardieri C, Manfletti C. Influence of wall material on nucleate pool boiling of liquid nitrogen[J]. International Journal of Heat and Mass Transfer, 2016, 94: 1-8.

[12] Westwater J W, Hwalek J J, Irving M E. Suggested standard method for obtaining boiling curves by quenching[J]. Industrial & Engineering Chemistry Fundamentals, 1986, 25 (4) : 685-692.

[13] Hu H, Xu C, Zhao Y, et al. Modification and enhancement of cryogenic quenching heat transfer by a nanoporous surface[J]. International Journal of Heat and Mass Transfer, 2015, 80: 636-643.

[14] Kim H, Dewitt G, Mckrell T, et al. On the quenching of steel and zircaloy spheres in water-based nanofluids with alumina, silica and diamond nanoparticles[J]. International Journal of Multiphase Flow, 2009, 35 (5) : 427-438.

[15] Kim H, Truong B, Buongiorno J, et al. On the effect of surface roughness height, wettability, and nanoporosity on Leidenfrost phenomena[J]. Applied Physics Letters, 2011, 98 (8) : 083121-083121-3.

[16] Lee C Y, Chun T H, In W K. Effect of change in surface condition induced by oxidation on transient pool boiling heat transfer of vertical stainless steel and copper rodlets[J]. International Journal of Heat and Mass Transfer, 2014, 79: 397-407.

[17] Lee C Y, Shin C H, Oh D S, et al. Parametric study on transient pool boiling heat transfer using metal rodlet[C]. ASME International Mechanical Engineering Congress and Exposition, 2014, 46569: V08BT10A073.

[18] Lee C Y, Kee In W, Koo Y H. Transient pool boiling heat transfer during rapid cooling under saturated water condition[J]. Journal of Nuclear Science and Technology, 2016, 53 (3) : 371-379.

[19] Xue H S, Fan J R, Hong R H, et al. Characteristic boiling curve of carbon nanotube nanofluid as determined by the transient calorimeter technique[J]. Applied Physics Letters, 2007, 90 (18) : 99-105.

[20] Kim H, Buongiorno J, Hu L W, et al. Nanoparticle deposition effects on the minimum heat flux point and quench front speed during quenching in water-based alumina nanofluids[J]. International Journal of Heat and Mass Transfer, 2010, 53 (7-8) : 1542-1553.

[21] Takeda D, Fukiba K, Kobayashi H. Improvement in pipe chilldown process using low thermal conductive layer[J]. International Journal of Heat and Mass Transfer, 2017, 111: 115-122.

[22] Teja A S, Tarlneu G. Prediction of the thermal conductivity of liquids and liquid mixtures including crude oil fractions[J]. The Canadian Journal of Chemical Engineering, 1988, 66 (6) : 980-986.

[23] Tsoi A N, Pavlenko A N. Enhancement of transient heat transfer at boiling on a plate surface with low thermoconductive coatings[J]. Thermophysics and Aeromechanics, 2015, 22 (6) : 707-712.

[24] Li R, Wu X G, Huang Z W. Jet impingement boiling heat transfer from rock to liquid nitrogen during cryogenic quenching[J]. Experimental Thermal and Fluid Science, 2019, 106: 255-264.

[25] Henry R E. A correlation for the minimum film boiling temperature[J]. AIChE Symposium series, 1974, 70 (138): 81-90.

[26] Kikuchi Y, Hori T, Michiyoshi I. Minimum film boiling temperature for cooldown of insulated metals in saturated liquid[J]. International Journal of Heat and Mass Transfer, 1985, 28 (6): 1105-1114.

[27] Kikuchi Y, Hori T, Yanagawa H, et al. The effect of thin insulating layer on heat transfer characteristics during quenching of hot metals in saturated water[J]. Transactions of the Iron and Steel Institute of Japan, 1986, 26 (6): 576-581.

[28] Berenson P J. Film-boiling heat transfer from a horizontal surface[J]. Journal of Heat Transfer-Transaction of The Asme, 1961, 83 (3): 351-356.

[29] Wu X G, Huang Z W, Cheng Z, et al. Effects of cyclic heating and LN$_2$-cooling on the physical and mechanical properties of granite[J]. Applied Thermal Engineering, 2019, 156: 99-110.

[30] Palisch T, Duenckel R, Wilson B. New technology yields ultrahigh-strength proppant[J]. SPE Production & Operations, 2015, 30 (1): 76-81.

[31] Bromley L A. Heat transfer in stable film boiling[J]. Chemical Engineering Progress, 1950, 46 (5): 221-226.

[32] Li R, Zhang C C, Huang Z W. Quenching and rewetting of rock in liquid nitrogen: characterizing heat transfer and surface effects[J]. International Journal of Thermal Sciences, 2020, 148: 106161.

[33] Starodubtseva I P, Pavlenko A N. Quenching by falling cryogenic liquid film of extremely overheated plate with structured capillary-porous coating[J]. Journal of Engineering Thermophysics, 2018, 27 (3): 294-302.

[34] Starodubtseva I P, Pavlenko A N, Surtaev A S. Heat transfer during quenching of high temperature surface by the falling cryogenic liquid film[J]. International Journal of Thermal Sciences, 2017, 114: 196-204.

[35] Vakarelski I U, Patankar N A, Marston J O, et al. Stabilization of Leidenfrost vapour layer by textured superhydrophobic surfaces[J]. Nature, 2012, 489 (7415): 274-277.

[36] Yamanouchi A. Effect of core spray cooling in transient state after loss of coolant accident[J]. Journal of Nuclear Science and Technology, 1968, 5 (11): 547-558.

[37] Park C, Synn J H, Shin H S, et al. Experimental study on the thermal characteristics of rock at low temperatures[J]. International Journal of Rock Mechanics and Mining Sciences, 2004, 41: 81-86.

[38] Li R, Huang Z W. Estimating the transient thermal boundary conditions with an improved space marching technique[J]. International Journal of Heat and Mass Transfer, 2018, 127: 59-67.

[39] Li R, Huang Z W, Li G S, et al. A modified space marching method using future temperature measurements for transient nonlinear inverse heat conduction problem[J]. International Journal of Heat and Mass Transfer, 2017, 106: 1157-1163.

[40] Nada S A. Cooling of very hot vertical tubes by falling liquid film in presence of countercurrent flow of rising gases[J]. International Journal of Thermal Sciences, 2015, 88: 228-237.

[41] Nada S A, Shoukri M, El-Dib A F, et al. Rewetting of hot vertical tubes by a falling liquid film with different directions of venting the generated steam[J]. International Journal of Thermal Sciences, 2014, 85: 62-72.

[42] Lienhard I V, John H. A Heat Transfer Textbook[M]. Cambridge: Phlogiston Press, 2005.

[43] Matsekh A M, Pavlenko A N. Heat transfer and crisis phenomena in the falling films of cryogenic liquid[J]. Thermophysics and Aeromechanics, 2005, 12 (1): 99-112.

[44] Hsu Y Y, Westwater J W. Film boiling from vertical tubes[J]. AIChE Journal, 1958, 4 (1): 58-62.

第四章 液氮射流流场及破岩特征

液氮喷射压裂是在传统液氮压裂技术的基础上提出的一种新型压裂方法。该方法结合了液氮压裂和水力喷射压裂的双重技术优势，可以实现液氮压裂的裂缝定点起裂和多级改造，施工过程中无须使用机械封隔装置，有效克服了传统机械封隔器低温失效的难题。液氮射流破岩成孔是液氮喷射压裂作业的技术核心，为揭示液氮射流喷射破岩的可行性，本章将从液氮射流流场及传热特征和液氮射流喷射破岩特征等方面展开，系统阐明射流冲击和液氮低温致裂的耦合破岩机理，为液氮喷射压裂技术提供理论指导。

第一节 液氮射流流场及传热特征

液氮在不同温度和压力条件下物理性质有显著变化，对高速流动的射流流场结构影响较大，其流体动力学特征与传统水射流具有明显区别。研究围压下液氮射流流场特征，可以更好地了解井底条件下流体的能量分布，为液氮射流破岩研究提供理论基础。

一、液氮自由射流流场特征

数值模拟是流场分析的重要手段，在相同的喷嘴压降和喷嘴直径条件下，分别针对液氮射流与水射流流场进行数值模拟，对比分析两者的速度场和压力场特征差异。以计算流体力学软件 FLUENT 为求解器，模型中引入美国国家标准与技术研究院(NIST)真实气体状态方程，考虑温压变化对液氮热物性的影响[1]。

1. 模型设置

液氮自由射流流场的二维几何模型如图 4-1 所示，该模型主要由喷嘴内部和喷嘴外部两部分流动区域组成，为了降低壁面边界对射流流场的影响，将边界与喷嘴出口的距离设置一个较大的数值。由于研究的是轴对称喷嘴产生的射流流场，在计算时可以只取流场区域的一半。在射流形成过程中，高压流体由喷嘴入口处流入，经过喷嘴加速后在喷嘴出口处形成高速射流。将喷嘴入口设置为压力入口边界条件，流场出口设置为压力出口边界条件。出口压力等于环境围压，入口压力为围压与喷嘴压降之和。

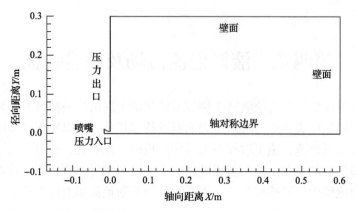

图 4-1　液氮自由射流流场的二维几何模型示意图

　　模型计算中,入口压力设置为 60MPa,围压为 30MPa,液氮入口温度为 100K,水射流设置恒温流动。喷嘴以及流场区域的轴线设置为轴对称边界条件,其他边界为无滑移壁面边界条件。喷嘴直线段和喷嘴出口附近压力与速度梯度变化比较剧烈,为了提高流场计算精度,对该区域进行网格加密。网格类型为结构化网格,以提高计算精度和收敛速度。

2. 速度场

　　高压流体经过喷嘴加速后,会在喷嘴出口处产生高速射流,从而形成射流流场。速度是表征射流流场特性的重要参数,射流速度越大,射流的工作能力越强。图 4-2 为液氮射流与水射流的速度分布云图,当流体离开喷嘴出口一段距离后,射流速度衰减幅度迅速增加,直至滞止。通过对比液氮射流和水射流的速度分布云图可以看出,在相同的喷嘴压降下,液氮射流的初始速度更高,等速核更长。这说明,相对于水射流,液氮射流的动能更大,能量衰减更少,聚集性更强。

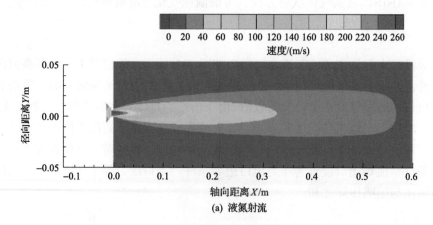

(a) 液氮射流

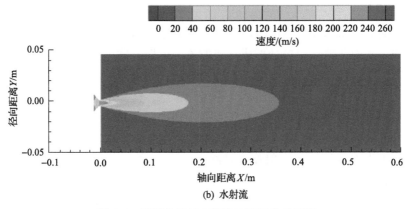

(b) 水射流

图 4-2　液氮射流与水射流的速度分布云图

　　液氮射流与水射流轴线速度分布曲线如图 4-3 所示，在相同喷嘴压降条件下，液氮射流轴线初始速度更大，约为 261.72m/s，比水射流高出 25.13m/s。这是因为液氮的密度要低于水，在相同喷嘴压降下，液氮射流能够获得更高的射流动能。另外，高速射流在流动过程中会受到周围流体的黏滞作用，从而使得速度不断降低。在相同位置，液氮射流轴线速度衰减幅度更小。例如，在距离喷嘴出口 200mm 处，水射流的轴线速度仅有 36.24m/s，大小仅为初始速度的 15.32%；而液氮射流速度为 61.35m/s，为初始速度的 23.44%。这一现象的主要原因是液氮黏度小于水，射流受到的黏滞力更小，在流动过程中损耗的动能也就越少，因此在距离喷嘴出口较远处依然能够保持较高的射流轴线速度。

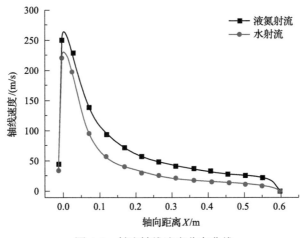

图 4-3　射流轴线速度分布曲线

3. 压力场

射流的形成原理就是高压流体通过喷嘴节流作用后，一部分流体压能转换成射流动能，从而在喷嘴出口处形成高速射流。根据流体力学理论可知，流体分子做不规则运动时撞击壁面产生的压力称为静压，与流体的压能成正比。动压是指流体流动所产生的压力，只要流体处于流动状态，就一定有动压，动压与动能成正比。对于不考虑重力的流动，总压为静压和动压之和，其大小与流体的机械能成正比。当流体处于静止状态时，动压为零，总压等于静压。

图 4-4 为液氮射流与水射流在轴线方向上的静压、动压和总压分布曲线。当高压流体从喷嘴流出时，静压迅速降低，而动压迅速升高。其中液氮的静压从 59.19MPa 迅速降至 30.49MPa，基本与围压持平，动压从 0.81MPa 上升至 27.16MPa，流体的速度也随之迅速增加(图 4-3)；水射流的压力变化规律基本与液氮射流一致，静压从 57.15MPa 降至 30.61MPa，动压从 0.85MPa 上升至 27.66MPa。当射流进入喷嘴外部流场区域后，射流的动压和总压开始衰减，而静压基本上保持不变。这说明射流在运动过程中，其能量的衰减主要原因是射流在周围流体黏滞作用下动能的损失。由于水的黏度要大于液氮，液氮射流在流动过程中受到的黏滞力更大，相应地就会消耗更多的动能克服黏滞力做功，所以水射流轴线上的动压和总压均低于液氮射流。

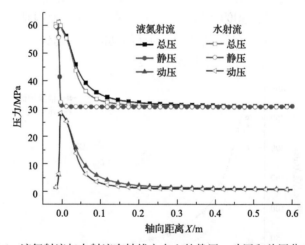

图 4-4　液氮射流与水射流在轴线方向上的静压、动压和总压分布曲线

4. 温度场

图 4-5 为液氮射流流场的温度分布云图。当液氮流经喷嘴时，温度显著降低，喷嘴内及出口附近的温度要明显低于入口温度；其中最低温度出现在喷嘴出口附

近，大小约为 93.99K，比入口温度要低 6.01K。这是因为当液氮在流经喷嘴时，在喷嘴节流作用下会产生焦耳-汤姆孙效应，使得流体温度降低。当射流进入喷嘴外部的流场区域后，温度会有一定程度的升高，最高温度达到了 106.38K。高速射流会引起周围流体的扰动，并与周围流体发生相互剪切作用，使得部分动能转换成内能，因此导致射流温度升高。最后随着射流速度的衰减，射流与周围流体的相互作用减弱，温度开始下降。由于在液氮射流过程中，喷嘴周围的温度要远远低于大多数流体的三相点温度，在进行液氮射流作业之前，需要使用氮气充分循环管路及喷嘴，防止其他流体遇冷结冰而堵塞喷嘴。

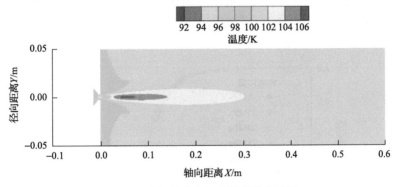

图 4-5 液氮射流流场的温度分布云图

5. 参数影响规律

1）喷嘴压降

从喷嘴出口速度与喷嘴压降的关系曲线（图 4-6）可以看出，液氮射流的喷嘴

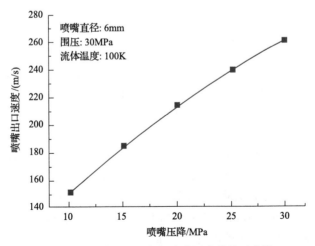

图 4-6 喷嘴出口速度与喷嘴压降的关系曲线

出口速度随着喷嘴压降的增加而增加，两者基本上呈线性递增关系。当喷嘴压降从 10MPa 上升到 30MPa 时，喷嘴出口速度从 151.06m/s 增至 261.72m/s，增加幅度达到了 73.3%。这是因为喷嘴压降是表征液氮射流动能的重要参数，喷嘴压降越大，液氮射流动能越大，射流速度也就越大。

　　图 4-7 是不同喷嘴压降条件下液氮射流无因次轴线速度的分布曲线。从图 4-7 中可以看出，喷嘴压降对射流等速核长度及无因次轴线速度影响极小。随着喷嘴压降的增加，液氮射流的等速核长度及无因次轴线速度略有增加，但增加幅度十分有限。例如，当喷嘴压降为 10MPa 时，在距离喷嘴出口 60mm 处，射流无因次轴线速度为 0.46。当喷嘴压降增加到 30MPa 时，该处的射流无因次轴线速度为 0.58。这说明喷嘴压降主要影响射流速度的大小，而对射流速度的衰减影响很小。

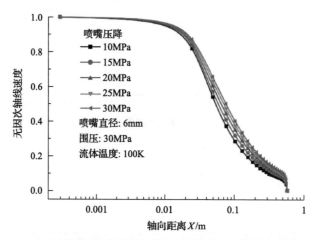

图 4-7　不同喷嘴压降条件下液氮射流无因次轴线速度分布

2) 喷嘴直径

　　图 4-8 是不同喷嘴直径下液氮射流喷嘴出口速度结果，可以看出，喷嘴直径对喷嘴出口速度影响较小，当喷嘴直径从 4mm 增加到 8mm 时，液氮射流的喷嘴出口速度从 255.01m/s 增加到 264.12m/s，增幅仅为 3.57%。这是因为在保持喷嘴压降不变时，增加喷嘴直径虽然能够增加射流动能，但是射流横截面上单位面积上的动能增加有限，因此射流轴线速度并没有显著增加。

　　图 4-9 是在不同喷嘴直径下液氮射流无因次轴线速度的分布曲线。从图 4-9 可以看出，液氮射流等速核长度随着喷嘴直径的增大而增大，而且相同位置处的无因次轴线速度也有较大程度的增加。例如，在距离喷嘴出口 30mm 处，喷嘴直径为 4mm、5mm、6mm、7mm 和 8mm 的无因次轴线速度分别是 0.64、0.76、0.83、0.88 和 0.93。由此可见，喷嘴直径越大，射流轴线速度衰减幅度越小，

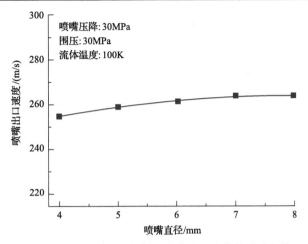

图 4-8　喷嘴直径对液氮射流喷嘴出口速度的影响规律

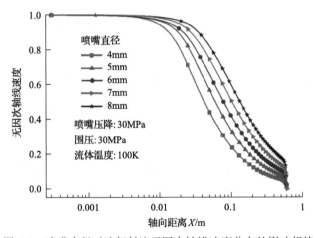

图 4-9　喷嘴直径对液氮射流无因次轴线速度分布的影响规律

射流在距离喷嘴出口较远处仍然可以保持较高的速度。这是因为，喷嘴直径越大，射流所携带的总能量也就越高，射流在克服周围流体黏滞力做功后，依然还有较高的射流动能。这说明，在相同喷嘴压降条件下，采用大直径的喷嘴可以有效增加液氮射流的有效作用距离。

　　3）围压

　　图 4-10 是围压与喷嘴出口速度的关系曲线，在 10MPa 的围压条件下，喷嘴出口速度为 268.21m/s。当围压增加到 30MPa 时，喷嘴出口速度为 261.72m/s，降低了 2.42%。可以看出，随着围压的增加，喷嘴出口速度略有降低，但是降幅十分有限。因此，围压对喷嘴出口速度的影响极小，在工程应用中可以忽略不计。

这一特点对于液氮射流在高围压环境(如深井)中的应用十分有利。

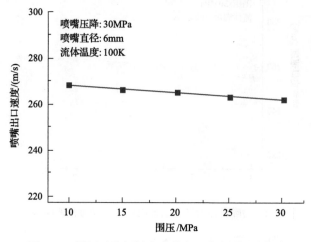

图 4-10 围压对液氮射流喷嘴出口速度的影响规律

4) 流体温度

流体温度会对液氮的物性产生显著的影响, 进而影响整个射流流场。图 4-11 和图 4-12 分别为不同流体温度条件下的喷嘴出口速度和射流无因次轴线速度分布。当流体温度大于液氮的临界温度(约为 126.19K)时, 流体便处于高压低温的气体状态。如图 4-11 所示, 喷嘴出口速度随着流体温度的升高呈线性增加。当流体温度由 80K 升高到 160K 时, 喷嘴出口速度由 250.85m/s 增加到 292.57m/s。这是因为随着流体温度的升高, 流体的密度会下降, 在相同的喷嘴压降条件下, 射流会有更大的初始速度。

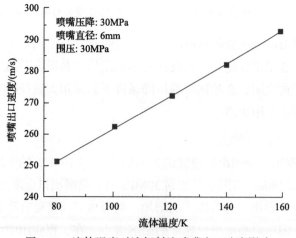

图 4-11 流体温度对液氮射流喷嘴出口速度影响

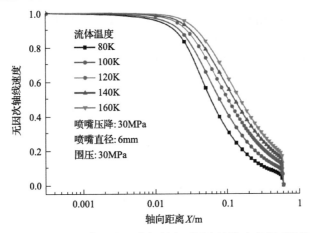

图 4-12　不同流体温度下液氮射流无因次轴线速度衰减规律

从图 4-12 可以看出，流体温度越高，液氮射流的等速核长度越长，相同位置的射流无因次轴线速度也越大。在距离喷嘴出口 100mm 处，当流体温度为 80K、100K、120K、140K 和 160K 时，射流无因次轴线速度分别为 0.30、0.40、0.49、0.55 和 0.61，无因次轴线速度随着流体温度的升高而增加。这是因为当流体温度升高时，流体的黏度会下降，射流受到周围的流体黏滞作用减弱，射流克服黏滞力所消耗的能量减少。尽管当温度为 140K 和 160K 时，流体以氮气的状态存在，但是根据稠密气体理论，处于临界点附近的高压气体的黏度行为更接近液体，即黏度会随着流体温度的上升而降低。由此可见，适当地提高流体温度有助于增加液氮射流的无因次轴线速度，从而增加射流作用距离。

二、涡结构演化及传热特征

本小节基于分离涡模拟(DES)，针对液氮自由和冲击两种形式的射流进行数值模拟分析，旨在从涡结构演化角度阐明液氮射流的湍流脉动特征和传热规律，揭示液氮射流的流体动力学本质。分离涡模拟方法也称耦合的大涡模拟-雷诺时均(LES/RANS)算法，该方法采用 RANS 湍流模型模拟边界层内流场，采用 LES 解析边界层以外大涡主导的湍流区。DES 兼有大涡模拟计算精度高和雷诺时均湍流模型计算效率高的优点，因此对高速液氮射流这样的高雷诺数湍流问题具有良好的适用性[2]。

1. 几何模型及边界条件

图 4-13(a)和(b)分别为自由和冲击射流的三维几何模型及网格划分策略。自由射流和冲击射流的几何模型具有相似的组成结构，均包含喷嘴域和射流域两部分。对于这两种几何模型，喷嘴的几何形状相同，均为直径为 d、长度为 $2d$ 的规

则圆柱。在自由射流几何模型中，射流域设置为直径 $10d$、长 $20d$ 的大空间长圆柱体，以保证射流流场充分发展。圆柱体的底面设置为出口，侧面和顶面设置为绝热无滑移壁面边界，壁面法向和切向速度为零。

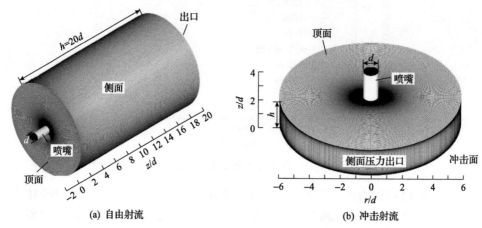

(a) 自由射流　　　　　　　　　　　　　　　　(b) 冲击射流

图 4-13　自由射流(a)和冲击射流(b)三维几何模型及网格划分策略

h-距离冲击中心(驻点)的垂向距离；r-距离冲击中心(驻点)的径向距离

不同于自由射流，冲击射流几何模型的射流域相对较短，为直径 $12d$、高 $2d$ 的圆柱。几何模型的底面设置为具有恒定热流密度的无滑移壁面边界，顶面则设置为绝热无滑移壁面边界，以充分还原井下受限空间的射流工况。几何模型的侧面设置为压力出口，射流冲击底面之后发生转向，沿底部壁面径向流出。同样使用结构化的六面体网格对上述两个几何模型进行空间离散，以增强计算的收敛性和精度。对于射流剪切层和近壁面区域，均需进行网格的局部加密处理。

2. 自由射流涡动力学特征

流场中涡的拟序结构通常使用 Q 准则等值面(简称 Q 等值面)进行识别和表征。Q 准则又称涡度张量的第二不变量，以可分辨的方式从模拟数据中提取和表征涡结构，表达式为

$$Q = \frac{1}{2}(\boldsymbol{\Omega}_{ij}\boldsymbol{\Omega}_{ij} - \boldsymbol{S}_{ij}\boldsymbol{S}_{ij}) \tag{4-1}$$

式中，$\boldsymbol{\Omega}_{ij} = \frac{1}{2}(u_{ij} - u_{ji})$ 和 $\boldsymbol{S}_{ij} = \frac{1}{2}(u_{ij} + u_{ji})$ 为速度梯度张量的反对称和对称部分，分别为涡量张量和应变率张量，$\boldsymbol{u}_{ij}$ 和 $\boldsymbol{u}_{ji}$ 为不同方向的速度矢量。正的 Q 值表示漩涡比剪切应变更显著，流动受涡结构主导。Q 值可以通过涡量张量进行归一化，表达为

$$Q_{n} = Q \bigg/ \left(\frac{1}{2} \Omega_{ij} \Omega_{ij} \right) \tag{4-2}$$

式中，Q_{n} 为归一化的 Q 值。

图 4-14 为基于 Q 准则计算得到的液氮射流流场拟序涡结构。由于剪切层内的 Kelvin-Helmholtz（K-H）不稳定性，喷嘴出口位置流体发生内螺旋汇聚，形成了一系列的对称涡环（主涡结构）。在流向运移过程中，涡环运移速度逐渐降低，上下游涡环之间距离逐渐减小，在 $z=(5\sim7)d$ 的位置发生了涡环配对现象。同时，由于涡环运移过程中方位不稳定性增强，其周向拟序性下降，形成了流向的涡瓣结构（次级涡）。随着射流进一步向下游发展，射流的剪切脉动特性增强，涡环与涡瓣等结构相互作用，形成了大尺度的发卡涡结构，同时伴随着迅速的射流径向扩散。

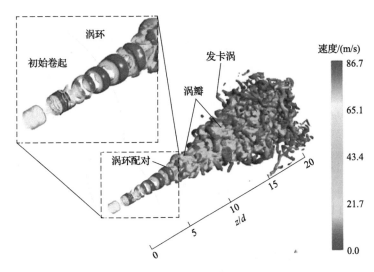

图 4-14　充分发展的液氮射流流场拟序涡结构
入口压力 12MPa，出口压力 10MPa，液氮温度 100K

涡环结构是射流重要的流体动力学特性，为说明液氮射流涡环的演化变形规律，图 4-15 中给出了流向上不同 x-y 截面的涡量云图，图中的涡量通过喷嘴直径和入口体积流速进行归一化。可以发现，在流向运移过程中，涡环结构逐渐扩展增大，同时伴随着明显的扭曲变形。在近喷嘴出口区域（$z\leqslant3d$），由 K-H 不稳定性引起的涡环呈规整的圆形，具有良好的对称结构，尺寸与喷嘴出口相近。当涡环运移至 $z=4.5d$ 位置时，在周向不稳定性作用下，涡环开始受到拉伸断裂。周向不稳定性始于涡环的外边界，迫使涡环失去轴对称性，并将涡环分成若干小段。随着涡环运移，涡环周向不稳定性增强，涡环分解变形加剧，形成了明显的涡瓣结构。在 $z=(8\sim9)d$ 位置，旋涡完全失去了环状结构，此时涡流区域有效直径增长到 $2d$ 左右。

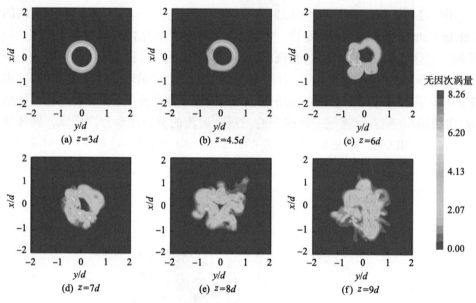

图 4-15　自由液氮射流涡环演化变形过程

　　射流压力对液氮射流的涡结构演化具有显著影响。图 4-16 为不同入口压力（12MPa、15MPa 和 18MPa）条件下的液氮射流 Q 等值面图，其中围压均为 10MPa。在 12MPa 的入口压力下，液氮射流涡的结构尺度相对较小，涡环在 $z=6d$ 附近分解形成流向的涡瓣结构。然而，在 15MPa 和 18MPa 入口压力条件下，液氮射流的 Q 等值面尺寸明显增大，涡环在 $z=(1\sim2)d$ 附近即发生分解，转化为流向涡。由此可见，高喷嘴压降会导致涡环结构提前分解转化，不利于涡环拟序性的维持。

　　由图 4-17(a)所示的涡量场云图可知，射流过程中涡结构主要产生于射流的剪切层内。随入口压力增加，流场涡结构尺度增大，涡量显著提高，说明流场的脉动和不稳定性增强。射流剧烈的涡活动往往伴随着剪切层内的压力振荡，如图 4-17(b)所示，大涡中心出现了明显的低压区，而在相邻涡结构之间则形成了局部高压区。射流涡结构的形成、脱落和运移等活动，是诱发流场内压力振荡的主要因素。增大射流压力，流场涡内和涡间的压差增大，压力振荡幅度相应增强。

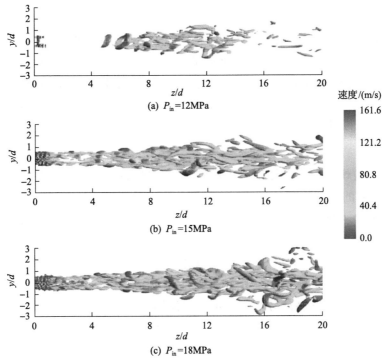

图 4-16　不同入口压力条件下的液氮射流 Q 等值面图

P_{in}-入口压力

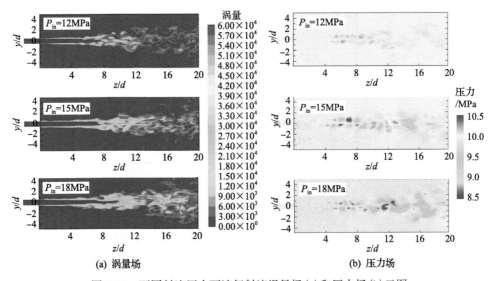

图 4-17　不同射流压力下液氮射流涡量场(a)和压力场(b)云图

3. 冲击射流涡动力学和传热特征

井底温压条件下，低温氮具有两种潜在的存在形式：超临界态和液态。基于图 4-13(b) 所示的几何模型，针对液氮和超临界氮气(简称超临界氮)冲击射流进行分离涡模拟分析。超临界氮气和液氮的入口温度分别设置为 140K 和 100K，冲击壁面热通量设置为 10000W/m^2。模型入口压力分别设置为 12MPa、15MPa、18MPa，围压设置为 10MPa。

1) 涡结构特征

对射流剪切层的湍动能信号进行监测，并进行频谱分析，得到功率谱密度 (PSD) 随频率的变化情况，如图 4-18 所示。可以看出，随频率 f 增加，PSD 先升后降，在 100～200Hz 出现峰值。该峰值对应的频率通常被称为射流的不稳定性主频，与流场涡结构的周期性脱落有关。在 200～4000Hz，PSD 相对于频率 f 具有 –5/3 的斜率关系，符合典型湍流流场的频谱特征。PSD 与 f 之间的 –5/3 斜率关系，一方面证明射流达到了充分发展的湍流状态，另一方面也证明了本模拟所用的网格具有足够高的分辨率，可以对流场的惯性子层和黏性子层进行有效捕捉[3]。

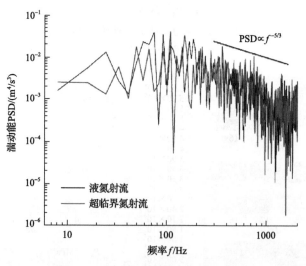

图 4-18　剪切层湍动能功率谱密度曲线

图 4-19 为液氮射流和超临界氮射流流场 y-z 截面上的速度场、压力场和湍动能场。在速度场中，可以明显分辨出射流的三个典型区域：自由射流区、滞止区和壁面射流区。与自由射流类似，冲击射流涡结构始于由 K-H 不稳定性引起的一

系列涡环，随着涡环流向发展，发生拉伸、配对和分解等动力学行为。在滞止区，上游剪切层中涡环的倾斜和不对称分解使涡环对壁面的冲击不同步，从而会引起驻点区的温度振荡。在壁面射流区，流体先被快速加速，形成薄边界层。之后，由于快速剪切形成了附壁涡结构，诱导发生流动分离，边界层增厚。附壁涡的周期性形成，引起流场内压力振荡，对壁面流体输运和强化传热具有重要影响。对比液氮射流和超临界氮射流，二者射流冲击压力相当，但超临界氮射流的流速和湍动能显著高于液氮射流。

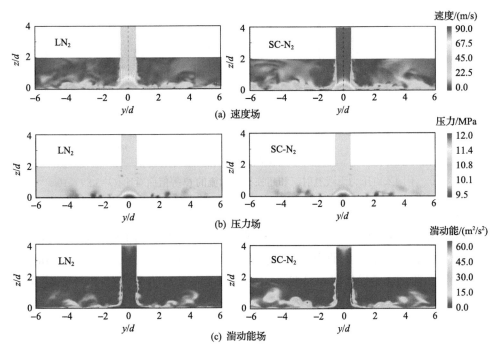

图 4-19　液氮射流和超临界氮射流流场 y-z 截面上的速度场、压力场和湍动能场
LN$_2$-液氮；SC-N$_2$-超临界氮

图 4-20 为液氮射流和超临界氮射流在不同入口压力下的 Q 等值面俯视图。可以看到，在冲击壁面后，低温氮射流涡环并未完全分解，涡结构在冲击面上仍呈较为规整的环状排列。随着射流径向发展，流场周向拉伸作用增强，这些涡环开始分解开裂，并逐渐转化为流向涡结构。当涡结构进一步运移，流场涡密度开始逐渐降低。随入口压力升高，低温氮射流涡结构逐渐增大，流场涡尺度和湍流程度加剧。相比于液氮射流，相同入口压力下超临界氮射流的 Q 等值面尺度更大，涡活动更加剧烈。

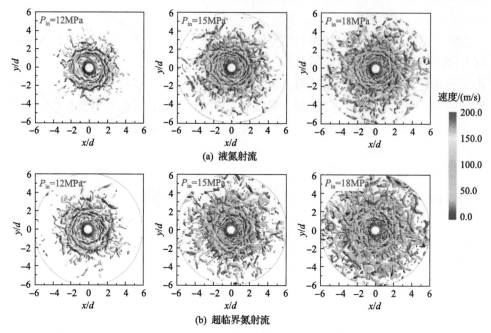

图 4-20　不同入口压力下液氮射流和超临界氮射流的 Q 等值面对比（Q=3.89×10⁹s⁻²）

2）射流传热特征

　　剪切层涡环对壁面的不对称冲击是壁面驻点温度波动的主要原因。为探究射流涡结构演化对壁面温度的影响，对驻点温度、近驻点区剪切层内的速度和湍动能信号进行监测，结果如图 4-21 所示。图 4-21 中横坐标为无因次时间 t^*，定义为

$$t^* = t\frac{V_{cl}}{d} \qquad (4\text{-}3)$$

式中，t 为真实计算时间；V_{cl} 为喷嘴出口位置射流轴线速度；d 为喷嘴直径。可以看出，驻点温度的波动与剪切层速度和湍动能的脉动相一致，揭示了源自剪切层的大涡结构对射流冲击传热具有主导作用。

　　图 4-22 为不同入口压力条件下液氮射流和超临界氮射流的驻点温度功率谱密度谱线。可以看出，驻点温度功率谱密度存在明显的主频特征，谱线低频域密度值显著高于高频域，说明大尺度涡结构主导了驻点温度波动。在 12MPa 入口压力条件下，液氮和超临界氮射流的驻点温度波动主频分别为 74Hz 和 107Hz，与图 4-21 中剪切层湍动能信号的主频相一致，说明剪切层涡结构演化与驻点温度波动具有重要的相关关系。对于液氮射流，入口压力对驻点温度波动主频无显著影响，主频始终在 66～74Hz 的窄频域内波动。然而，对超临界氮射流，驻点温度波动主频随入口压力的升高而增加。相对于液氮射流，超临界氮射流冲击驻点

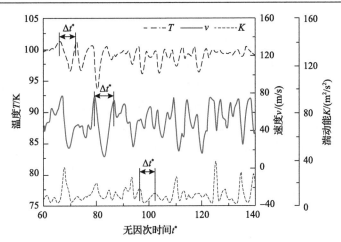

图 4-21　驻点温度及近驻点区剪切层(r=0.5d, z=0.1d)内的速度和湍动能波动曲线
Δt^*-无因次波动周期

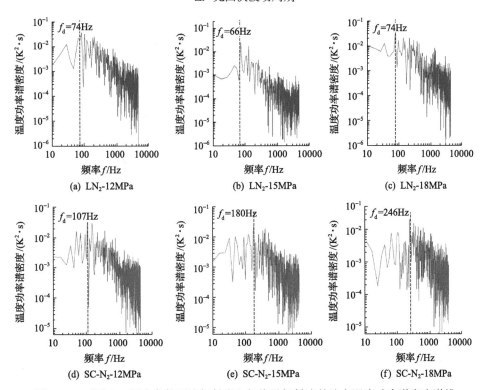

图 4-22　不同入口压力条件下液氮射流和超临界氮射流的驻点温度功率谱密度谱线
f_d-波动主频；LN$_2$-液氮；SC-N$_2$-超临界氮

温度的波动主频明显高于液氮射流，这一现象与超临界氮射流较强的湍流程度
和更剧烈的涡活动有关。

如图 4-23 所示，喷嘴压降对低温氮射流的传热速率具有影响，图中采用驻点努塞尔数 Nu_0 作为射流传热速率的评价指标。对于两种状态下的低温氮射流，传热速率均随喷嘴压降的增加而升高，其主要原因是，射流流速与喷嘴压降具有正相关关系，较高的射流速度有利于加快壁面的热量携带，从而使传热效率得到强化。此外，由于超临界氮射流具有更高的流场速度、湍流程度、涡结构尺度和脉动频率，在相同压力条件下超临界氮射流的传热速率高于液氮射流。因此，在实际工程条件下，保持低温氮在超临界态和增大喷嘴压降，对低温氮射流的传热具有强化作用，有利于提升低温氮的冷冲击辅助破岩效果，从而提升喷射破岩效率。

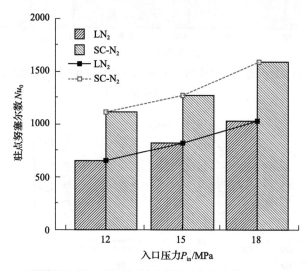

图 4-23　不同射流压力下低温氮射流的驻点努塞尔数(围压恒定 10MPa)

第二节　液氮射流破岩特征

液氮射流破岩效果是评判液氮射流可行性的重要指标，液氮射流结合了高速冲击及低温致裂的双重作用机制，破岩特征与传统水射流具有显著区别。基于自主设计的高压液氮射流试验系统，针对常温及高温的多种岩样开展了液氮射流破岩试验研究，揭示了液氮射流的破岩特征，分析了各参数对液氮射流破岩效果的影响规律。

一、液氮射流破岩试验

图 4-24 为液氮射流破岩试验系统，包括液氮罐车、低温绝热泵、射流喷嘴、温压数据采集系统和真空隔热管柱等[4]。试验中管汇和泵头均采用耐低温的不锈钢材质，并在外侧添加真空隔热层，防止液氮被环境加热汽化。为确保试验的安

全性，系统中设计并安装了压力自锁装置。一旦压力超过系统承压上限，压力自锁装置自动切断电源，使电机停转，同时开启系统安全阀快速卸压。

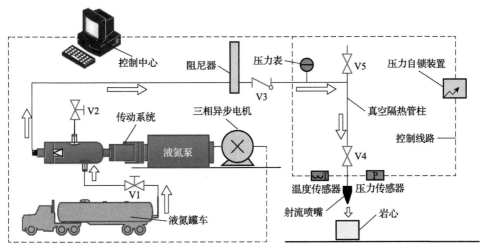

图 4-24　液氮射流破岩试验系统

低温流体泵是实现高压液氮射流的核心设备，其结构如图 4-25 所示。本试验中所用的低温流体泵为双柱塞往复式流体泵，其最高排量为 4000L/h，最高输出压力达 35MPa。低温流体泵与中央电控装置相连，通过调节三相异步电机转速实现对排量和喷射压力的连续调控。为确保输出压力稳定，在泵出口管汇位置设置阻尼器，以最大程度降低输出压力的脉动。

图 4-25　低温流体泵

试验中使用了组合式喷嘴结构，如图 4-26(a)所示。喷嘴主体由耐低温不锈钢制成，内部流道使用较软的黄铜材料制成，用以增加喷嘴的密封性。喷嘴内部流道为典型的锥直形结构[图 4-26(b)]，加速段长度 L 为喷嘴直径 d 的 2 倍，锥形段收缩角加工为 13.24°，以最大程度增强射流的集中程度。此外，试验中所用的温压传感器均为耐超低温传感器，感压膜片的响应不受低温影响，可在−196℃低温条件下安全稳定工作，各温压传感器通过盘管连接于管线。

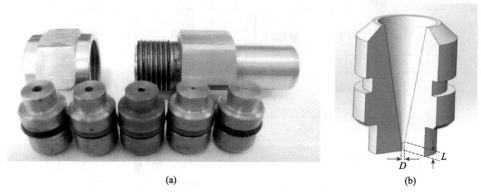

图 4-26　液氮射流试验中所用的喷嘴(a)及其内流道结构(b)

基于上述系统，液氮射流破岩试验的主要操作流程如下。

(1)打开阀门 V1、V3 和 V4，借助液氮罐车内部压力使液氮低速流入泵头及管线内，检查系统管线接头等位置密封情况。

(2)适度打开阀门 V2，开启并低速运行液氮泵，使试验系统充分预冷，直到射流喷嘴和 V2 出口流体均呈液态后，关闭液氮泵。

(3)关闭阀门 V2，在岩心室内快速固定岩样，调整好射流参数后，按照试验方案设定的压力开展液氮射流破岩试验。

(4)达到预定喷射时间后，通过远程控制中心停泵，并迅速打开阀门 V5 和 V2 进行放空，卸掉系统内压力，然后取出岩心进行测量。

二、液氮射流破岩特征

1. 与水射流冲击破岩的差异

图 4-27 为不同射流压差下的液氮射流及水射流破岩效果。试验所用岩样为高 150mm、直径 100mm 的圆柱形人工型煤，由细煤粉(<10 目)和水泥按照 1.5∶1 的质量比制成。可以发现，水射流冲蚀成孔形状规则，但尺寸相对较小，冲蚀面积不随射流压差增大而发生明显变化。相比之下，液氮射流冲蚀坑规则度较差，相同压差条件下破碎面积显著大于水射流，且随射流压差升高破碎面积显著增大。在 5~20MPa 的射流压差范围内，液氮射流的冲蚀体积为相同条件下水射流的 7~32 倍(图 4-28)，破岩能力显著优于常规水射流。

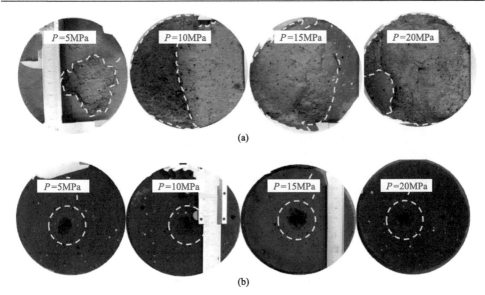

图 4-27　不同射流压差下液氮射流(a)及水射流(b)破岩效果

P-射流压差

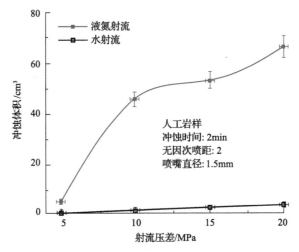

图 4-28　液氮射流及水射流冲蚀体积对比

　　图 4-29 对比了液氮射流冲击前后的岩样表面形貌特征。不同于常规水射流，液氮射流冲击后岩石表面形成诸多裂缝，且裂缝互相交叉连接形成了"缝网"。液氮作为一种低温流体，与岩石接触后发生剧烈的沸腾传热，并在岩石内部诱导产生温度梯度。在岩石变温过程中，不同矿物颗粒之间具有显著的热物性差异，造成岩石颗粒变形不匹配，进而诱发热应力，破坏颗粒之间的胶结结构，形成微裂纹。射流冲击过程中，这些微裂纹受水楔作用和液氮汽化增压作用的双重影响，

扩展延伸，形成了互相交叉的宏观裂缝网络。这些裂缝的形成，大幅劣化了岩石的力学特性，有效降低了岩石破碎的门限压力，很大程度上提升了射流的破岩面积和冲蚀体积。

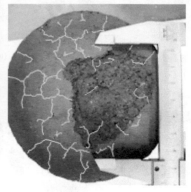

(a) 射流冲击前　　　　　　　　(b) 射流冲击后

图 4-29　液氮射流冲击前后的岩样表面形貌特征

　　破岩比能是指破碎单位体积岩石所消耗的能量，可以用来衡量不同破岩方式的作用效率。图 4-30 为液氮射流和水射流作用下的人工岩样破碎岩屑，对岩屑尺寸进行测量统计，得到不同尺寸范围内岩屑的质量百分比，结果如图 4-31 所示。图 4-31 所示的岩屑尺度分布统计结果表明，在液氮射流冲击下，大于 16mm 和小于 4mm 范围内的岩屑质量分数分别为 55.0%和 3.7%；而在水射流冲击作用下，大于 16mm 和小于 4mm 范围内的岩屑质量分数分别为 17.9%和 19.5%。相比于水射流，液氮射流可形成更多的大尺寸岩屑，说明液氮射流以大块的体积破碎为主要破岩特征。

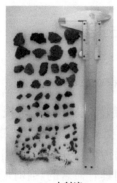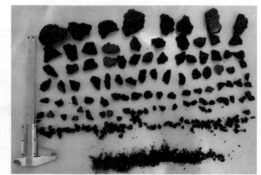

(a) 水射流　　　　　　　　(b) 液氮射流

图 4-30　水射流和液氮射流作用下的人工岩样破碎岩屑

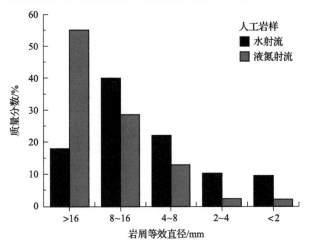

图 4-31　液氮射流和水射流作用下岩屑尺度分布

　　基于分形理论，采用岩石破碎的分形模型，分析了水射流和液氮射流破岩过程中的能耗。在此模型中，单位破岩体积的能耗与岩屑尺寸分布的分形维数(D)具有如下关系[5,6]：

$$\frac{M_R}{M_{max}} = \left(\frac{R}{R_{max}}\right)^{3-D} \tag{4-4}$$

$$E = CR_{max}^{D-3} \tag{4-5}$$

式中，M_R 和 M_{max} 分别为尺寸小于 R 的岩屑质量和岩屑总质量；C 为岩石特性常数；R_{max} 为岩屑的最大尺寸。为得到岩屑的分形维数 D，将式(4-4)改写为

$$\ln\left(\frac{M_R}{M_{max}}\right) = (3-D)\ln r - (3-D)\ln R_{max} \tag{4-6}$$

　　基于试验测得的岩屑尺寸分布结果，按照式(4-6)中 $\ln(M_R/M_{max})$ 和 $\ln r$ 的线性相关关系，拟合得到液氮射流和水射流冲击下破碎岩屑的分形维数，结果如图 4-32 所示。根据计算结果，液氮射流和水射流对应的岩屑的分形维数分别为 1.335 和 1.960，对应的破岩比能分别为 0.0033C 和 0.036C。液氮射流的破岩比能较水射流低 90.8%，说明液氮射流可以有效提高岩石的破碎效率。

2. 天然煤岩的破碎特征

　　针对天然煤岩岩样开展液氮射流和水射流破岩试验，结果如图 4-33 所示，射流方向均垂直于层理方向。与型煤的破岩结果类似，相同喷嘴压降下液氮射流的

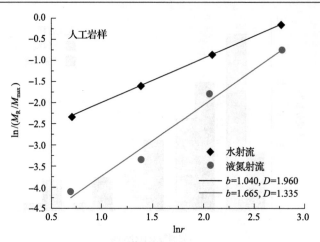

图 4-32　岩屑的分形维数的拟合关系
b-拟合线斜率

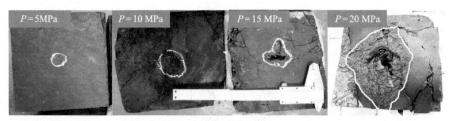

(a) 水射流破岩效果

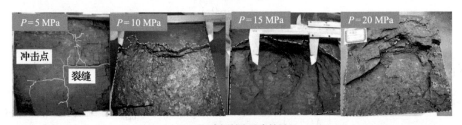

(b) 液氮射流破岩效果

图 4-33　水射流(a)及液氮射流(b)冲击下煤岩破碎对比

破岩体积显著高于水射流。在 5MPa 喷嘴压降条件下，两种射流均无法产生明显的体积破坏，但液氮射流可在煤岩表面形成交错的宏观裂缝。在 10MPa 喷嘴压降条件下，液氮射流作用下煤岩则发生了大面积的冲蚀剥落，而水射流仍无法对煤岩产生显著破碎。喷嘴压降直到达到 20MPa，水射流才开始形成大规模的体积破碎。显然，液氮射流形成体积破碎的门限压力要显著低于水射流。显著的低温致裂作用和剧烈的汽化增压效应是液氮射流降低破岩门限压力的主要诱因。

对比液氮射流和水射流的冲蚀破坏形态特征，可以发现层理面对液氮射流的破岩形式产生了显著的影响。不同于水射流的冲蚀孔形态，液氮射流作用下煤岩发生了沿层理面的剥落现象，形成的冲蚀面呈现与层理面平行的特征。层理面为岩石的天然弱面，在液氮"冷冲击"作用下优先开启，液氮进入层理裂缝后迅速汽化增压，促使裂缝沿层理面扩展，因此形成了典型的沿层理剥落的破坏形式。

图 4-34 对比了液氮射流及水射流的冲蚀深度。可以看出，水射流的临界破岩压力在 10～15MPa，当喷嘴压降高于临界压力后，冲蚀深度随喷嘴压降增大而显著升高。而对于液氮射流，在 10MPa 喷嘴压降条件下即形成了较深的破碎坑，说明其临界破岩压力在 5～10MPa，显著低于常规的水射流。同样，随喷嘴压降升高，液氮射流的冲蚀深度逐渐增加，但增速较水射流小。这是因为，随冲蚀深度增加，液氮与空气的接触距离增长，液氮射流汽化引起的能量耗散加剧，从而在一定程度上降低了液氮射流对冲蚀深度的扩展。

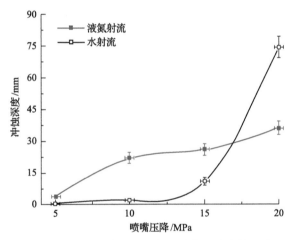

图 4-34 煤岩液氮射流及水射流冲击下破碎效果对比

天然煤岩；垂直层理面射流；冲蚀时间为 2min；无因次喷距为 2；喷嘴直径为 1.5mm

液氮射流平行层理面方向的破岩特征与垂直层理面方向显著不同。如图 4-35 所示，液氮射流方向平行于煤岩层理面时，冲击未形成显著的体积破坏，而是形成了一条贯穿整个岩心的宏观裂缝。由于层理面的存在，煤岩不同方向上的力学性质具有较强的各向异性，其垂直层理面方向的抗拉强度显著低于平行层理面方向的抗拉强度。因此，在液氮射流冲击作用下，岩石率先在垂直层理面方向发生拉伸破坏，进而形成如图 4-35 所示的纺锤形冲蚀孔。液氮进入冲蚀孔后迅速汽化膨胀，使冲蚀孔与层理面沟通，并迅速扩展形成图 4-35 所示的贯穿裂缝。

3. 高温岩石的破碎特征

深部油气及干热岩储层中的岩石处于高温状态，岩石温度对液氮射流的破岩效果具有显著影响[7]。如图 4-36 所示，在 25MPa 的喷嘴压降下，液氮射流冲击下花岗岩呈现明显的拉伸破坏特征，破岩效果随岩石温度的升高而逐渐增强。对于

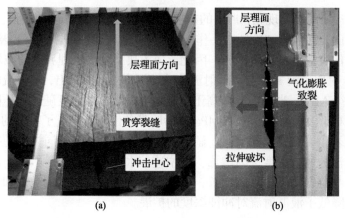

图 4-35 平行层理面方向的液氮射流破岩效果

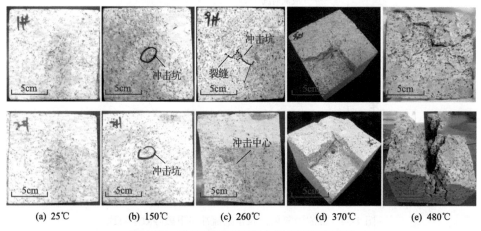

(a) 25℃   (b) 150℃   (c) 260℃   (d) 370℃   (e) 480℃

图 4-36 干热岩液氮射流冲击下的破碎特征

室温(25℃)下的花岗岩，液氮射流冲击后表面无明显变化；150℃条件下，液氮射流冲击后岩石表面出现了小尺寸的冲击坑；260℃条件下，开始出现大块的体积崩落，在冲击坑周围可以发现肉眼可见的宏观裂缝；当岩石温度进一步升高到370℃和480℃时，岩石的破碎程度进一步加剧，甚至发生了整体劈裂。可以推断，在 25MPa 的喷嘴压降下，液氮射流使花岗岩发生体积破碎的阈值温度在 150～260℃。

图 4-37 为液氮射流冲击下页岩和砂岩的破碎特征。对于 150℃的页岩，液氮射流冲击无法造成明显损伤；当页岩温度升高到 260℃时，虽然仍未发生大规模的体积破碎，但页岩表面形成了图 4-37(a)所示的宏观裂缝。对于 150℃、260℃和 370℃条件下的砂岩，在液氮射流冲击下岩样表面无显著变化；直到温度增加到 480℃后，液氮射流冲击才在砂岩表面形成了如图 4-37(b)所示的宏观交错裂纹。对比花岗岩、页岩和砂岩三种岩样，液氮射流对高温花岗岩的破碎效果最

好，其次为页岩，对砂岩的破碎效果最差，因此液氮射流对干热岩储层具有良好的适用性。

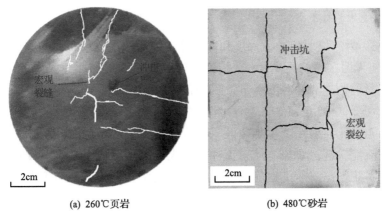

| (a) 260℃页岩 | (b) 480℃砂岩 |

图 4-37　液氮射流对高温页岩和高温砂岩的破碎效果

三、射流参数影响规律

1. 喷嘴压降

图 4-38 为液氮射流冲蚀深度和冲蚀体积随喷嘴压差的变化规律。可以看出，液氮射流破岩效果与喷嘴压差具有明显的正相关关系。在 5MPa 的喷嘴压差条件下，液氮射流冲蚀深度和冲蚀体积分别为 6.5mm 和 5.13cm^3；当喷嘴压差提升至 20MPa 时，冲蚀深度和冲蚀体积分别达到 20mm 和 66.32cm^3，分别提升了近

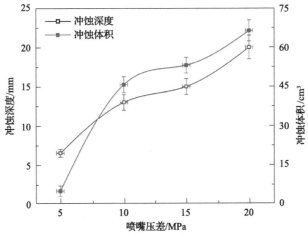

图 4-38　喷嘴压降对液氮射流破岩效果的影响

人工岩样；冲蚀时间为 2min；无因次喷距为 2；喷嘴直径为 1.5mm

3倍和10倍。液氮射流破岩效果的提升，与高喷嘴压降下射流冲击力增加和热应力增强有关。

2. 无因次喷射距离

图4-39为液氮射流冲蚀深度和冲蚀体积随无因次喷射距离的变化规律。可以看出，随无因次喷射距离增加，液氮射流的冲蚀体积和冲蚀深度呈递减趋势。当无因次喷射距离（喷射距离与喷嘴直径的比值）从1升至5时，冲蚀深度和冲蚀体积分别降低57.0%和85.4%。液氮射流冲蚀综合了热应力和射流冲击的双重作用，随射流喷射距离增加，液氮射流与周围空气接触时间增长，液氮汽化引起的射流能量耗散加剧，使射流冲击力大幅下降，从而减弱了液氮射流的冲蚀能力。因此，在实际工程应用中，减小射流喷射距离更有助于提升液氮射流的冲击冲蚀效果。

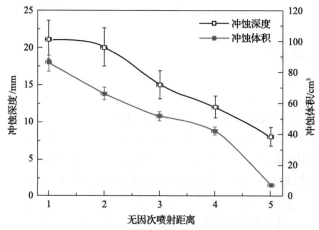

图4-39　喷射距离对液氮射流破岩效果的影响

人工岩样；射流压差为20MPa；冲蚀时间为2min；喷嘴直径为1.5mm

3. 冲蚀时间

图4-40为冲蚀时间对液氮射流冲蚀深度和冲蚀体积的影响规律。随冲蚀时间增加，冲蚀体积持续增长，而冲蚀深度呈先增加后恒定的变化趋势。其主要原因是当冲蚀坑达到一定深度后，由于液氮与空气之间剧烈的热交换，液氮射流发生了较高的能量损耗，冲击力大幅下降，无法对较深冲蚀坑的底部岩石进行有效破碎，冲蚀深度不再随时间显著增加。然而，由于液氮射流在冲蚀坑内的剧烈汽化膨胀，对冲蚀坑侧壁产生了较强的推力，可促使侧向岩石发生破碎，冲蚀体积仍随冲蚀时间增加而增大。

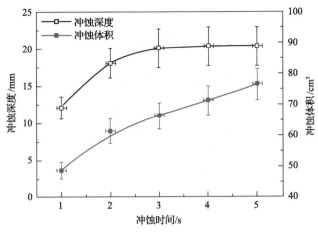

图 4-40　冲蚀时间对液氮射流破岩效果的影响

人工岩样；射流压差为 20MPa；无因次喷距为 2；喷嘴直径为 1.5mm

4. 喷嘴直径

图 4-41 为不同喷嘴直径下液氮射流的冲蚀体积结果。在给定射流压力条件下，喷嘴直径越大，液氮射流冲蚀体积越大。但是，对于不同的喷嘴压降条件，喷嘴直径对液氮射流的破岩效果影响程度不同。在 5MPa 的喷嘴压降条件下，当喷嘴直径从 1.5mm 提高至 3mm 时，液氮射流冲蚀体积仅提升 3%。然而，在 10MPa 喷嘴压降条件下，当喷嘴直径从 1.5mm 提高至 3mm 时，液氮射流冲蚀体积提升了 41.7%。可以发现，在高喷嘴压降条件下，增大喷嘴直径对于提升液氮射流的破岩效率更高，而在低喷嘴压降条件下，增加喷嘴直径对于破岩效率的提升作用有限。

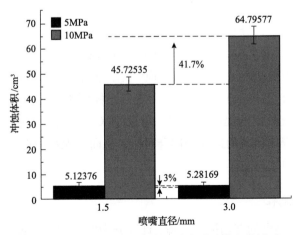

图 4-41　喷嘴直径对液氮射流破岩冲蚀体积的影响

第三节　岩石损伤的力学机制分析

液氮射流破岩是一个涉及瞬变流场、共轭传热和固体非线性变形的复杂多场耦合过程，研究液氮高速冲击和低温热应力耦合作用下岩石内部的应力响应特征是揭示液氮射流高效破岩及钻井提速机理的核心。本节基于液氮射流冲击岩石的热-流-固多场耦合模型，对液氮射流和水射流冲击下岩石的应力响应进行对比分析，揭示射流热应力对岩石损伤破坏的辅助机制，为液氮射流和水射流破岩效果差异的成因提供了理论解释。

一、多场耦合方法

1. 基本耦合策略

当前，多场耦合问题的求解方法主要包含松耦合和紧耦合两类。在紧耦合方法中，需建立一套包含所有涉及物理量的偏微分方程组，利用包含所有必需自由度的耦合单元类型，计算得出所需的耦合场结果。该方法对于简单的耦合问题，具有处理速度快、精度高的优势。然而，在模拟复杂的多场耦合问题时，由于模型自由度较多、矩阵方程组庞大，紧耦合计算成本巨大，且对于复杂的非线性问题难收敛。与紧耦合方法不同，松耦合通过数据的映射和插值等方式实现多场耦合，迭代计算得到耦合系统的响应。该方法无须构建复杂的多自由度方程组，具有操作简单、计算成本低的优势，对于复杂的非线性多场耦合问题具有良好的适应性。考虑到射流冲击作用下岩石变形及应力响应具有明显的非线性特征，因此宜采用松耦合方法对液氮射流冲击岩石过程进行数值模拟研究。

基于松耦合方式，分别采用计算流体力学(CFD)代码和计算固体力学(CSD)代码对模型流体域和固体域进行单独时间步内的独立求解，在每个实时增量下通过定点迭代模式实现耦合量的跨界面交换[8]。本章所用的 CFD 求解器和 CSD 求解器分别为 Fluent 和 Abaqus，两者均内置自编程模块，通过编程接口可进行每个时间步内变量或数据的提取与存储。通过 MpCCI 提供的多场耦合接口，完成 CFD 和 CSD 子程序代码的适配和耦合对接，从而实现每个迭代步或时间步后流固之间物理量的调用与交换。

2. 耦合计算流程

基于 MpCCI 提供的多场耦合环境，计算分为模型准备、耦合定义、协同仿真和数据处理 4 个阶段。在模型准备阶段，分别在 CFD 求解器和 CSD 求解器中提交流体域和固体域的模型文件，并分别标注对应的耦合区域；在耦合定义阶段，对耦合面、耦合量及其传递方向进行设定，提交至服务器；在协同仿真阶段，CFD 代码和 CSD 代码串行耦合推进，直至达到预定时间。

针对液氮射流冲击岩石，本章采用 CFD 求解器和 CSD 求解器分别为 Fluent 和 Abaqus，通过 MpCCI 提供的多场耦合接口进行两求解器的对接运算。在耦合过程中，流体域将射流产生的冲击压力及热流密度传递至固体域，耦合边界的数据传递满足：

$$\tau_s(x,y,z,t) \cdot \boldsymbol{n}_s = \tau_f(x,y,z,t) \cdot \boldsymbol{n}_f \tag{4-7}$$

$$h_s \frac{\partial T_s}{\partial \boldsymbol{n}_s}(x,y,z,t) = q_s = q_f = h_f \frac{\partial T_f}{\partial \boldsymbol{n}_f}(x,y,z,t) \tag{4-8}$$

相反，固体域需将耦合面的变形量及瞬时温度数据传回流体域，此时耦合边界满足：

$$T_s(x,y,z,t) = T_f(x,y,z,t) \tag{4-9}$$

$$d_s(x,y,z,t) = d_f(x,y,z,t) \tag{4-10}$$

式(4-7)~式(4-10)中，下标 f 和 s 分别为流体域和固体域；变量 τ、q 和 h 分别为耦合面上的压力、热流密度和对流换热系数；T 和 d 分别为固体耦合面的温度和位移量；$\boldsymbol{n}$ 为垂直耦合面向外的矢量。

液氮射流冲击岩石的多场耦合计算流程如图 4-42 所示，耦合计算受 CFD 代码主控，由流体域率先发起。依据初始边界条件，计算得到第一个时间步内的流场和传热场，提取耦合面上的压力和热流密度，通过 MpCCI 完成不匹配网格之间的数据交换，将数据映射到固体域冲击耦合面上。CSD 代码将传输过来的压力和热流数据作为固体域的载荷，进行固体域内的力-热耦合运算，并得到第一个时间步的固体域温度场和应变场。提取计算后的固体域耦合面变形量和温度场数据，通过 MpCCI 耦合接口传回至 CFD 代码，更新流体域的耦合边界位置和温度条件。基于更新的边界，流体域重新开始下一个耦合时间步的运算。上述过程循环推进，直至达到预设的时间步后结束运算。由于高速液氮射流冲击下耦合面发生变形，CFD 求解器中需激活"动网格"。

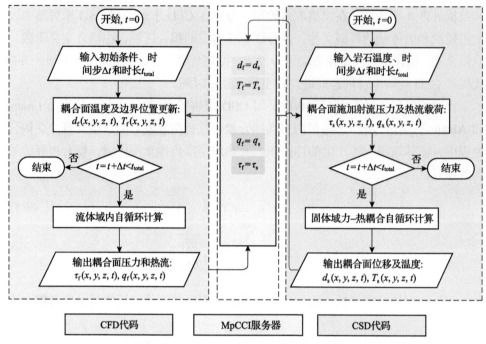

图 4-42　液氮射流冲击岩石的多场耦合计算流程

二、模型与参数设置

1. 几何模型

图 4-43 为液氮射流冲击岩石的几何模型结构，由射流流体域和岩石固体域两部分组成。流体域喷嘴采用锥-直形结构，喷嘴入口设置为压力入口边界，流场侧面和顶面分别为压力出口和无滑移壁面边界条件。固体域与流体域共用同一耦合界面，底面为固支边界条件，各方向自由度被完全约束。岩石初始温度为 303K，侧壁和底面与破岩试验一致，无热量供给，热通量设置为零。

2. 流体域设置

流体域初始条件参数如表 4-1 所示，液氮射流温度为 100K，水射流温度为 303K。两种射流的压力边界设置相同，入口压力均为 30MPa，围压均为 10MPa。由于液氮具有较强的压缩性，冲击传热过程中物性随温度和压力的变化发生显著波动，本书采用了 NIST 真实气体模型对氮气的输运性质进行计算，根据不同的温压条件实时更新流体域液氮的热物性。水的热物性随温压变化较小，故其热物性设为恒定。

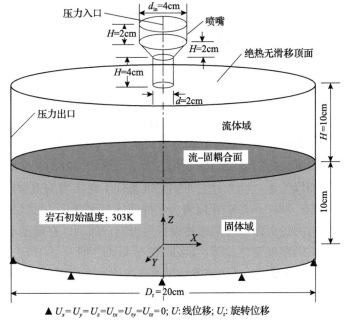

图 4-43　几何模型及边界设置

d_{in}-喷嘴入口直径，cm；d-喷嘴直径，cm；H-长度，cm

表 4-1　水射流和液氮射流冲击下流体域设置

参数设置	液氮	水
入口压力/MPa	30	30
围压/MPa	10	10
流体温度/K	100	303
密度/(kg/m³)	NIST 真实气体模型	998.2
黏度/(Pa·s)	NIST 真实气体模型	10.03×10^{-4}
热导率/[W/(m·K)]	NIST 真实气体模型	0.6
定压比热容/[kJ/(kg·K)]	NIST 真实气体模型	4.182

3. 固体域设置

　　模型固体域为均质的花岗岩岩样，岩样初始温度与水射流相同，为 303K。由于岩石与水射流温度相同，水射流冲击下无对流换热和热应力的作用。

　　在液氮射流冲击下，岩石固体域应力及温度具有较强的相互依赖关系，因此在 Abaqus 中采用了完全热-力耦合分析方法。针对 C3D8T 离散单元，使用热-变形耦合分析步进行固体域的完全耦合。在 Abaqus 中激活 Nlgeom 选项，以充分考虑高速冲击下固体的几何非线性。采用牛顿(Newton)方法进行非线性耦合系统的求解，其中温度采用了向后差分模式。Newton 方法的耦合方程表达式为

$$\begin{bmatrix} K_{uu} & K_{u\theta} \\ K_{\theta u} & K_{\theta\theta} \end{bmatrix} \begin{Bmatrix} \Delta u \\ \Delta \theta \end{Bmatrix} = \begin{Bmatrix} R_u \\ R_\theta \end{Bmatrix} \tag{4-11}$$

式中，Δu 和 $\Delta \theta$ 分别为位移增量和温度增量的修正；K_{uu}、$K_{u\theta}$、$K_{\theta u}$、$K_{\theta\theta}$ 为完全耦合矩阵的子矩阵；R_u 和 R_θ 分别为力和热的剩余向量。

　　液氮射流冲击下，岩石温度急剧变化，岩石的热物性和力学性质相应发生变化，需在模型中加以考虑。前人针对不同温度条件下花岗岩的力学性质进行了大量测试[9-12]，发现在 288~573K 花岗岩力学性质无显著变化，因此固体域模型中该温度范围内岩石的杨氏模量和泊松比设置为恒定。然而，在温度小于 288K 的范围内，力学性质随温度变化显著。Inada 和 Yokota[13]研究了 111~288K 低温条件下花岗岩的力学性质变化，基于试验结果拟合了该温度范围内的岩石弹性模量和泊松比随温度 T 的变化公式，弹性模量 E 和泊松比 ν 分别如式(4-12)和式(4-13)所示：

$$E = \begin{cases} 31.6, & 288K < T \leqslant 573K \\ 70.435 - 0.1349T, & R^2 = 0.9838, T \leqslant 288K \end{cases} \tag{4-12}$$

$$\nu = \begin{cases} 0.22, & 288K < T \leqslant 573K \\ 0.000002T^2 - 0.1349T + 0.185, & R^2 = 0.9891, T \leqslant 288K \end{cases} \tag{4-13}$$

　　在岩石热物性方面，同样根据前人的试验结果对岩石比热容、热导率和热胀系数随温度的变化关系进行拟合，结果如下：

$$C_p = -0.0061T^2 + 4.9013T - 181.7, \qquad R^2 = 0.9995 \tag{4-14}$$

式中，C_p 为岩石定压比热容，J/(kg·K)；T 为温度，K。

$$\lambda = -0.0027T + 3.3875, \qquad R^2 = 0.9944 \tag{4-15}$$

式中，λ 为岩石热导率，W/(m·K)。

$$\beta = (0.0448T - 9.94) \times 10^{-6}, \qquad R^2 = 1 \tag{4-16}$$

式中，β 为岩石热胀系数，K^{-1}。

三、应力响应分析

1. 最大主应力

1) 水射流冲击

最大主应力为岩石拉伸破坏特征的重要评价指标。根据第一强度理论，当最大主应力超过材料的抗拉强度极限后，材料发生脆性拉伸破坏。图 4-44 为水射流冲击下岩石内最大主应力随时间的演化云图，为便于观察岩石内部的应力分布，在 x-z 和 y-z 平面上对圆柱固体域进行了剖分。对于最大主应力，正值代表拉应力，

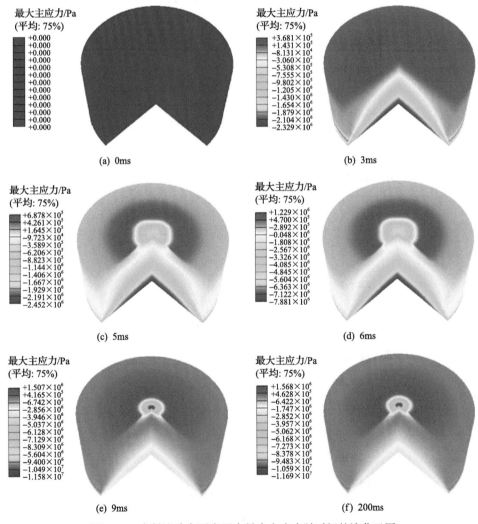

图 4-44　水射流冲击下岩石内最大主应力随时间的演化云图

而负值代表压应力。可以看出，在高速水射流冲击作用下，岩石驻点附近区域受压，岩石中心的压应力最高，随径向距离增加压应力幅值逐渐降低，并最终转化为正值，即在驻点区外围形成了环形的拉应力区。

　　提取不同时刻岩石沿冲击面和沿中轴线分布的最大主应力数据，结果如图 4-45 所示。在初始几微秒时间里驻点区压应力及拉伸区拉应力的尺度急速增加。在大约 9ms 的时刻，拉压应力幅值达到峰值，之后(9～200ms)应力分布保持恒定，不再随时间发生显著变化。在拉伸区，拉应力幅值随径向距离的增加呈先增后降的变化趋势，存在一个明显的拉应力峰值。在 200ms 时刻，该应力峰值位于 $r=1.35d$ 的径向位置，近似对应于射流冲击载荷的边缘。由于岩石的抗拉强度显著低于抗压强度，在水射流冲击下岩石破坏将率先发生于拉应力峰值区。

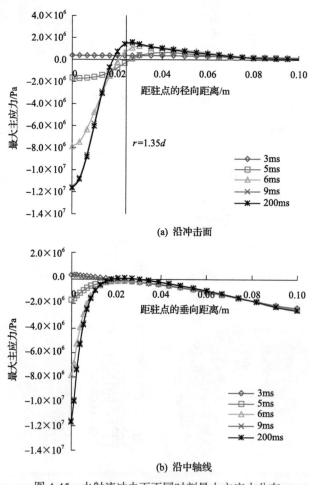

图 4-45　水射流冲击下不同时刻最大主应力分布

固体域几何中轴线的最大主应力与冲击面上的应力演化相一致，应力变化仅发生在初始 9ms 的时间内，此后最大主应力不随时间发生变化。在冲击区以下，最大主应力为负值，岩石承受压应力作用。随距驻点垂向距离的增加，最大主应力先急剧上升，后缓慢回落。驻点的压应力尺度最大，约为 12MPa。

2) 液氮射流冲击

不同于水射流，液氮射流冲击岩石涉及流-固间的对流换热和热应力作用，在热应力影响下岩石固体域的应力响应与水射流具有显著差异。图 4-46 为不同时刻液氮射流冲击下固体域的最大主应力演化云图。

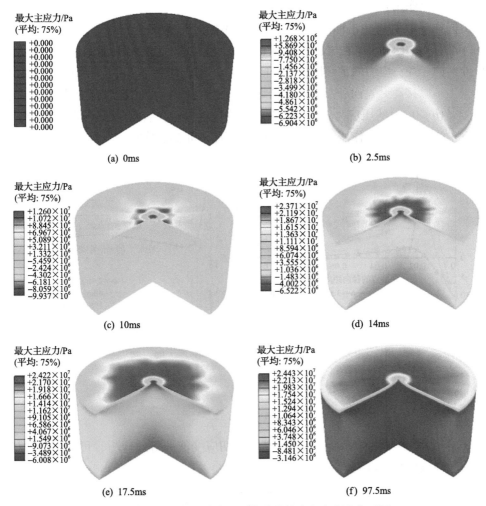

图 4-46　液氮射流冲击下固体域的最大主应力演化云图

根据岩石内应力分布的主控因素，液氮射流冲击下的应力演化分为两个阶段：

冲击主导阶段和传热主导阶段。冲击主导阶段发生于射流的初始几微秒内，该阶段传热的影响尚不明显，岩石内应力变化主要由射流高速冲击引起。在该阶段，液氮射流冲击下岩石的应力分布模式与水射流类似，冲击表面驻点区受压，外围形成环状拉伸区域。射流充分发展并达到稳定后，冲击面上压力载荷恒定，此后传热的影响越来越显著，热应力开始主导岩石内的应力演化，即进入了传热主导阶段。在传热主导阶段，与水射流冲击下恒定的最大主应力模式不同，液氮冲击下岩石中心压应力逐渐转化为拉应力模式，岩石表面的环状拉应力区随时间持续扩展，同时伴随着拉应力幅值的升高，说明急速冷却对射流冲击下的岩石拉伸破坏具有强化作用。

同样提取射流冲击面和几何中轴线上不同时刻的最大主应力剖面，结果如图 4-47(a)和(b)所示。在岩石冲击面上，拉应力的尺度和范围随时间增长而增大，拉伸区同样存在应力峰值，形成于径向 $r=d\sim1.25d$ 的位置。拉应力峰值位置随时间发生小幅移动，先向驻点方向逐渐靠近，之后保持不变。在岩石中轴线上，近驻点区($h<0.4d$)的压应力随时间逐渐转化为拉应力。在岩石内 $h>0.4d$ 的区域，岩石始终承受压应力作用，且压应力的尺度随时间逐渐增加。

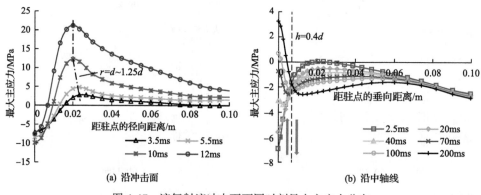

图 4-47　液氮射流冲击下不同时刻最大主应力分布

2. 冯·米塞斯应力

1) 水射流冲击

冯·米塞斯(Von Mises)应力是基于剪切应变能的等效应力，可用于反映材料的塑性或剪切破坏特征，其计算表达式为

$$\sigma_{e} = \sqrt{\frac{(\sigma_1 - \sigma_2)^2 + (\sigma_2 - \sigma_3)^2 + (\sigma_3 - \sigma_1)^2}{2}} \tag{4-17}$$

式中，σ_e 为等效应力；σ_1、σ_2 和 σ_3 分别为第一、第二和第三主应力。

图 4-48 为水射流冲击下不同时刻岩石的冯·米塞斯应力云图，云图沿 x-z 和 y-z 平面进行剖分。与最大主应力的演化规律类似，冯·米塞斯应力变化同样仅发生在射流初始几微秒内，9ms 之后岩石的应力分布模式及应力尺度不再发生显著变化。此外，从图 4-48 中还可以发现，冯·米塞斯应力的最大值形成于岩石驻点以下一定深度的位置，即在水射流冲击下此处最容易形成剪切破坏。

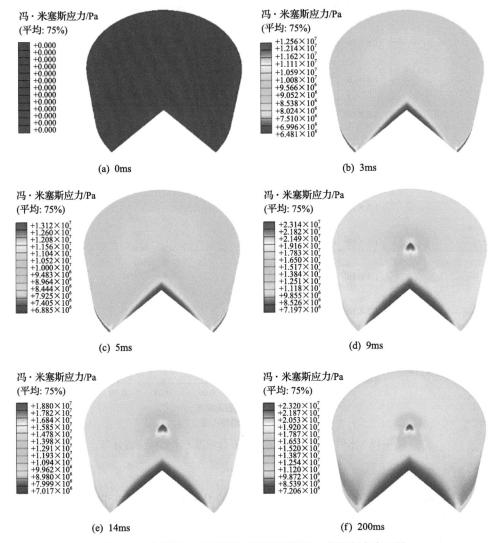

图 4-48　水射流冲击下不同时刻岩石的冯·米塞斯应力云图

提取岩石中轴线上和冲击面上的冯·米塞斯应力数据，结果如图 4-49 所示。

在中轴线上，随距驻点的垂向距离增加，冯·米塞斯应力先增后降，峰值形成于驻点以下 h=0.25d 左右的位置。在冲击面上，冯·米塞斯应力与水射流冲击静压的分布模式类似，驻点位置冯·米塞斯应力最高，沿距驻点的径向距离的增大冯·米塞斯应力值先急速下降而后逐渐减缓，趋于平稳。

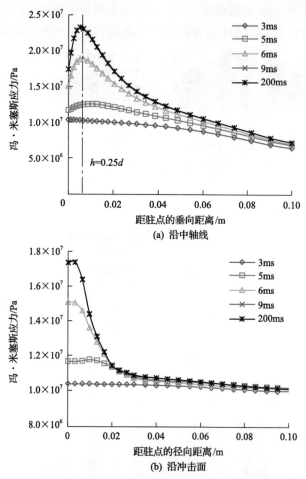

(a) 沿中轴线

(b) 沿冲击面

图 4-49　水射流冲击下不同时刻岩石的冯·米塞斯应力分布

2) 液氮射流

图 4-50 为液氮射流冲击下不同时刻岩石的冯·米塞斯应力云图。在液氮射流初始阶段(初始几微秒时间内)，岩石内冯·米塞斯应力的分布模式与水射流冲击结果类似，在驻点正下方形成剪应力最大值。随射流冲击时间增加，液氮射流传热引起的热应力作用逐渐增强，岩石内冯·米塞斯应力分布模式发生大幅变化。在传热主导阶段，冯·米塞斯应力最大值转移到岩石表面，形成应力峰值环状区，

且该环状区范围随传热的进行而逐渐扩展。

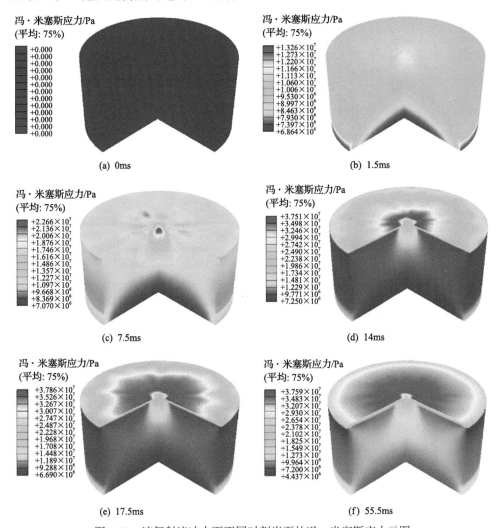

(a) 0ms

(b) 1.5ms

(c) 7.5ms

(d) 14ms

(e) 17.5ms

(f) 55.5ms

图 4-50　液氮射流冲击下不同时刻岩石的冯·米塞斯应力云图

　　提取液氮射流冲击下不同时刻沿冲击面的冯·米塞斯应力数据，结果如图 4-51(a)所示。冯·米塞斯应力沿径向先增加后降低，峰值出现在 $r=(0.4\sim0.8)d$ 的位置，应力幅值随时间显著增长。图 4-51(b)为岩石中轴线上的冯·米塞斯应力分布曲线，在驻点以下同样存在应力峰值，且应力峰值位置随时间增长逐渐向驻点靠近。驻点以下冯·米塞斯应力变化仅发生在 $h<d$ 的深度范围内，岩石 $h>d$ 区域应力尺度不随时间发生明显变化。

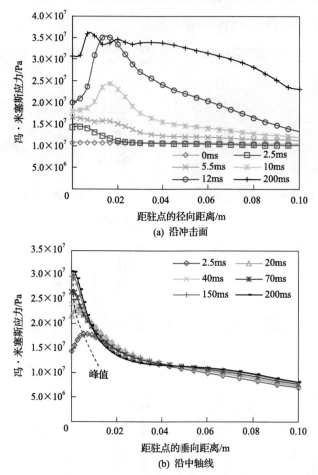

(a) 沿冲击面

(b) 沿中轴线

图 4-51　液氮射流冲击下岩石表面不同时刻的冯·米塞斯应力分布

3. 热应力的影响分析

　　水射流温度与岩石温度相同，冲击过程中无热应力作用。液氮射流和水射流冲击作用下岩石的应力响应差异，实质上反映了有、无热应力作用下岩石的应力响应特征差异。驻点为射流冲击问题中重要的特征点，因此提取了两种射流作用下驻点最大主应力、冯·米塞斯应力和变形量的时序演化数据，结果如图 4-52 所示。

　　在水射流冲击作用下，岩石的应力和应变随时间增长先急速增长，而后保持恒定，仅在初始阶段发生显著。然而，不同于水射流，液氮射流作用下岩石承受高速冲击和射流传热双重作用，岩石的应力和应变响应分为两个阶段，即冲击主导阶段和传热主导阶段。在初始阶段，液氮射流冲击下岩石驻点应力和应变的变化与水射流相一致。此时，驻点受射流冲击主导处于压缩状态，压应力尺度随时间

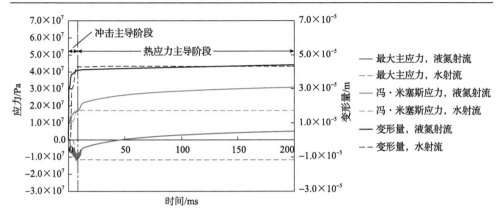

图 4-52　液氮射流和水射流冲击下驻点最大主应力、冯·米塞斯应力和变形量的时序演化对比

逐渐增加。在传热主导阶段，随流-固间对流传热的进行，驻点压应力幅值逐渐减小，最终转化为拉应力。

　　由于岩石抗拉强度和抗剪强度显著低于其抗压强度，拉、剪破坏是射流冲击作用下岩石破坏的主要诱因。图 4-53（a）和（b）为相同时刻液氮射流和水射冲击下岩石应力分布对比。在水射流冲击过程下，冯·米塞斯应力最大值形成于驻点正下方，在此处率先发生剪切破坏；最大拉伸主应力形成于壁面冲击区外围位置，该区域率先发生拉伸破坏。当拉应力和剪应力超过岩石的抗拉和抗剪强度后，驻点下方剪切裂纹成核并逐渐扩展，与岩石表面的拉伸裂纹相沟通，最终形成宏

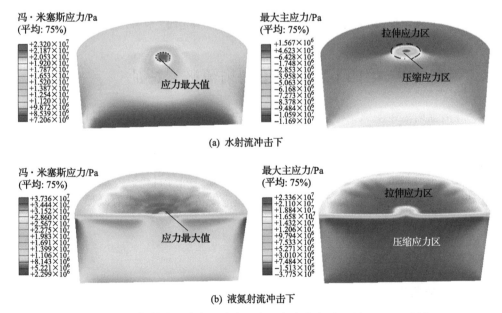

图 4-53　液氮射流和水射流冲击下岩石应力分布对比（在 200ms 时刻）

观破坏,这一破坏形式与前人基于静态弹性破碎理论的分析结果一致[14-16]。然而,不同于水射流,在液氮射流冲击作用下[图 4-53(b)],冯·米塞斯应力和拉应力的最大值均形成于壁面冲击区外围距驻点一定距离的径向位置,岩石表面是液氮射流冲击下破坏的首要形成区域。

　　图 4-54 对比了液氮射流和水射流冲击作用下岩石冲击面上应力分布对比。相对于水射流,液氮射流冲击下岩石表面上拉应力区域更大,应力尺度更大,最大拉应力尺度可达 13MPa。如此高的拉应力,足以使岩石产生拉伸开裂,在岩石表面形成宏观裂缝。综上,液氮射流诱导形成的热应力,可有效提升岩石内的拉应力、剪应力尺度,强化岩石的拉、剪破坏,辅助提升射流的破岩效果。

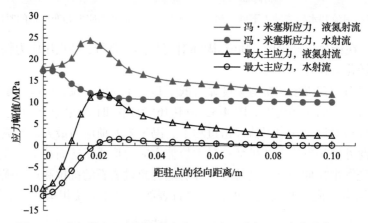

图 4-54　液氮射流和水射流冲击作用下岩石冲击面上应力分布对比

第四节　液氮磨料射流破岩特征

　　在液氮射流中混入磨料颗粒可以显著提高其破岩能力。本节通过试验方法,研究了液氮磨料射流破碎高温硬岩(花岗岩)的特征,结合扫描电镜等手段分析了在低温流体、高速颗粒冲击及高压流体共同作用下,高温花岗岩的破碎机制。同时,探究了磨料混合方式、喷嘴压降等多个关键参数对岩石破碎的影响。研究结果可望为液氮磨料射流射孔优化设计提供理论支持,推进形成液氮喷射压裂技术进程。

一、试验装置与试验准备

1. 试验装置

　　设计了如图 4-55 所示的高压液氮磨料射流破岩试验装置[17]。该装置主要由动力系统、磨料添加系统、控制系统、喷嘴等几部分构成。不同于水，液氮体积随环境温度和压力变化较大，在后混液氮磨料射流中，液氮从喷嘴流出后，周围环境压力急剧降低，引起液氮体积大幅度增加，在后混喷嘴混合腔内不能形成负压自吸，磨料颗粒需要借助外力作用才能进入喷嘴内与液氮射流进行混合。此外，在前混液氮磨料射流中，由于液氮的黏度和温度较低，很难像常规磨料水射流一样在混合罐中形成液氮磨料浆体。为解决上述磨料颗粒与液氮射流混合时存在的问题，设计了一种新型气体辅助送进磨料系统，从而在试验室条件下首次实现了液氮磨料射流[18,19]。

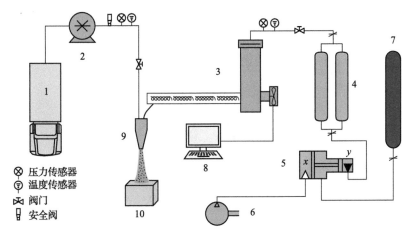

图 4-55 高压液氮磨料射流破岩试验装置示意图
1-液氮车；2-液氮泵；3-磨料混合装置；4-高压储气罐；5-气体增压装置；
6-空气压缩机；7-高压氮气瓶；8-控制装置；9-喷嘴；10-岩样

气体辅助送进磨料系统主要由气体增压装置和磨料混合装置两部分组成。其中，气体增压装置(图 4-56)主要用于给氮气增压，试验时，将来自高压氮气瓶的气体通过气体增压器压缩，储存至高压储气罐中。气体增压器由空气压缩机压缩空气驱动，驱动压力为 0.6MPa。高压储气罐的容积为 30L，最高耐压 60MPa。打开高压储气罐出口阀，将高压气体通入磨料罐，通过减压阀控制高压储气罐出口气体压力稍高于流体射流压力，在压差作用下，携带磨料颗粒的高压气体与液氮射流混合。与液氮管线相连的磨料入口直径较小(1.5mm)，因此，混入液氮射流中的氮气流量有限，对液氮磨料射流结构影响较小。设备仪表盘主要用于监测罐体中流体的压力，并可通过控制阀调节罐体出口压力和出口阀开度。

磨料混合装置(图 4-57)主要由磨料罐、绞龙及控制器等几部分组成。设备中磨料罐的容积为 3L，可以满足一次喷射试验所需的磨料量。磨料混入速率由绞龙中螺杆的转速控制，而螺杆则由尾部的伺服电机驱动。设备上安装有多个压力和温度传感器，用于监测流体温度和射流压力。温度和压力数据可以实时显示在设备控制器中，同时，控制器还可用于设备的开启与关闭，以及控制伺服电机的转速。

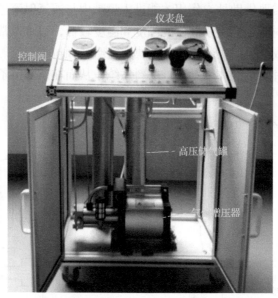

图 4-56　气体增压装置

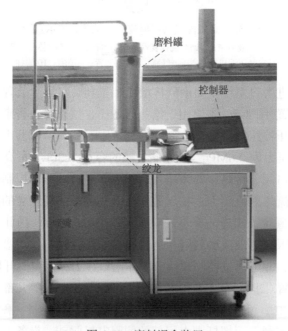

图 4-57　磨料混合装置

在液氮所流经管路上安装有多个温度和压力传感器，用于监测管路中液氮的压力和温度变化，测得的试验数据通过控制系统实时采集并输出，从而根据监测数据及时调整设备运转参数。而液氮磨料射流试验中流体的低温(–196℃)和高压(最高至30MPa)特性增加了流体压力的测量难度，常见的压力传感器不能同时满足低温和高压测试要求。为消除低温流体对测量精度的影响，试验中采用如图4-58所示的不锈钢盘管连接设备管线与压力传感器。由于不锈钢材料导热能力较强，当液氮进入直径较小的盘管后，温度升高、汽化，在盘管内形成一段温度相对较高的气柱，阻碍压力传感器与液氮直接接触。试验结果表明，利用不锈钢盘管连接的压力传感器可稳定、准确地测量流体压力。

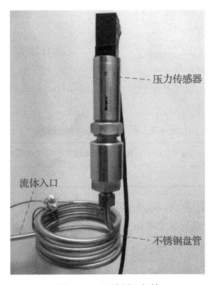

图 4-58　不锈钢盘管

　　试验中采用的前混、后混磨料射流喷嘴结构分别如图4-59和图4-60所示。在前混磨料射流中，磨料颗粒在高压气体的携带下，从磨料入口进入流体管线，在喷嘴前与来流液氮混合，一起通过喷嘴结构，形成前混磨料射流。而在后混磨料射流中，来流液氮首先通过流体喷嘴进行加速，形成纯液氮射流，其次在磨料混砂腔内与磨料颗粒混合，之后在磨料加速管中将磨料颗粒加速，形成后混磨料射流。

2. 试验材料

　　在液氮磨料射流破岩试验中，制备 100mm×100mm×100mm 的方形花岗岩岩样作为冲击靶体，岩样物理性质如表4-2所示。喷射点位于岩样上表面中心位置，试验前，利用梯度加热方法将岩样加热到试验温度，加热速率为10℃/h，持

图 4-59　前混磨料射流喷嘴结构示意图

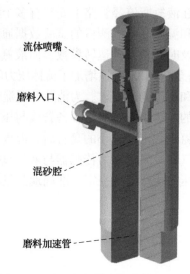

图 4-60　后混磨料射流喷嘴结构示意图

表 4-2　花岗岩岩样物理性质

密度/(kg/m³)	杨氏模量/GPa	泊松比	单轴抗拉强度/MPa	单轴抗压强度/MPa
2710	25.71	0.1660	8.020	112.3

续加热 40h，保证岩石受热均匀，同时避免快速升温造成岩石热冲击损伤。试验中，磨料采用白色石英砂颗粒，密度为 2.6g/cm³。根据喷嘴直径和喷射试验需求，采用 80~120 目磨料开展液氮磨料射流破岩试验。

3. 试验流程

试验开始前，首先低速运转液氮泵，使液氮缓慢流经设备管线，对设备进行充分冷却，以降低液氮在管路输送过程中的热量损失，保证喷射试验时喷嘴出口为液态氮。通过温度传感器监测喷嘴处液氮温度，当出口流体温度不再降低，则视为设备已完全冷却。停泵，对设备衔接处进行重新紧固，防止管线接头由于冷却收缩而产生松动。将高温岩样固定在岩石夹持器中，调节射流喷距。重新开启液氮泵，调节转速，使之达到指定射流压力，然后打开磨料输送阀门，开始液氮磨料射流破岩试验，具体试验参数如表 4-3 所示。

表 4-3　液氮磨料射流破岩基准试验参数

液氮温度/℃	喷射时间/s	喷嘴直径/mm	喷距/mm	磨料混合方式	磨料颗粒直径/目	磨料体积流量/(L/min)
−196	60	2.5	10	前混	40	5

二、试验结果与分析

1. 岩石宏观破碎特征

图 4-61 为液氮磨料射流在高温花岗岩中所形成孔眼的宏观形貌特征。岩石初始温度为 200℃，射流喷嘴压降为 20MPa。由于在液氮磨料射流破岩试验中，孔眼形状各异，存在一定随机性，选取了如图 4-61 所示的 4 块射流岩样进行分析。从图 4-61 中可以发现，液氮磨料射流射孔孔眼形状不规则，孔眼开口曲折不光滑，孔眼壁面粗糙，存在较多凸起和凹坑。相同实验条件下，不同射孔孔眼直径差别较大。例如，2 号岩样中孔眼开口最宽处为 10.04mm，而 3 号岩样中孔眼最宽处则达到 11.79mm。同时，孔眼深度也存在较大差异，4 块岩样中孔眼深度分别为 6.96mm、7.09mm、6.7mm 和 7.45mm。归结其原因为在高压液氮磨料射流破岩过程中，高温岩石同时受到磨料颗粒冲击、热应力拉伸及高压流体水楔作用，岩石容易以大块碎屑剥落。此外，岩石的非均质性增大了试验结果的波动性，被剥落岩屑的形状、大小各异，由此造成射孔孔眼开口形状不规则、开口大小不一。

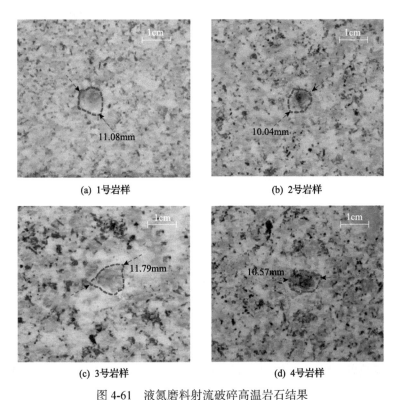

(a) 1号岩样   (b) 2号岩样

(c) 3号岩样   (d) 4号岩样

图 4-61 液氮磨料射流破碎高温岩石结果

图 4-62 对比了相同条件下氮气磨料射流和液氮磨料射流破碎岩石的孔眼形态。其中，氮气磨料射流由氮气瓶提供高压氮气，由于氮气瓶出口压力限制，试验中喷嘴压降设定为 13MPa，喷射岩样为常温花岗岩岩样。如图 4-62(a)所示，氮气磨料射流形成的射孔孔眼开口形状同样不规则，但开口曲线相对光滑，未存在较大的尖角；孔眼壁面比较粗糙，孔眼近似为圆锥形状，孔眼深度达 11.04mm，岩石破碎表现为明显的磨料冲蚀特征。而在液氮磨料射流破岩试验中，孔眼深度仅为 5.02mm。分析原因为在相同喷嘴压降条件下，氮气密度较低，可以获得更大的流体和颗粒喷嘴出口速度，岩石在更高磨料速度冲蚀下，形成的射孔孔眼较深；而氮气的黏度较低，在喷嘴外流场对磨料颗粒的约束力较小，磨料颗粒易发散，由此造成孔眼开口形状不规则。氮气磨料射流中主要依靠高速颗粒冲蚀破碎岩石，无"冷冲击"作用，因此岩屑体积较小，且孔眼壁面相对较光滑。

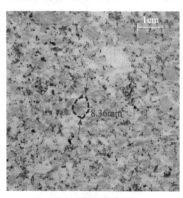 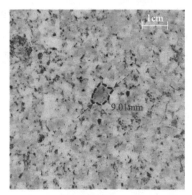

(a) 氮气磨料射流(13MPa)　　　　　(b) 液氮磨料射流(13MPa)

图 4-62　不同流体磨料射流破岩效果对比

图 4-63 对比分析了磨料水射流和液氮磨料射流喷射高温花岗岩时所形成射孔孔眼形貌特征。试验中射流喷嘴压降为 15MPa，岩石温度为 250℃。如图 4-63 所示，相较于液氮磨料射流射孔孔眼，磨料水射流冲击高温花岗岩所形成的孔眼形状较为规则，但孔眼体积较小，平均开口直径和深度仅为 8.10mm 和 6.85mm，而相同条件下，液氮磨料射流射孔孔眼平均开口直径和深度分别可达到 12.13mm 和 10.25mm。水的密度和黏度较高，在喷嘴出口处流体和颗粒的速度相对较低，但在喷嘴外流场，流体对颗粒的约束力较大，磨料颗粒不易发散，由此造成孔眼形状规则，但孔眼直径和深度较小。而液氮磨料射流破碎高温岩石时，射流流体与岩石的温差大，热应力作用效果显著增强，破碎岩屑体积较大，并且在喷射岩石表面上形成数条肉眼可见的热应力裂纹。

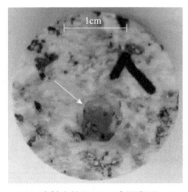 

(a) 磨料水射流(250℃高温岩石)　　　　　　(b) 液氮磨料射流(250℃高温岩石)

图 4-63　磨料水射流和液氮磨料射流破碎高温岩石对比

2. 岩石微观断裂特征

岩石在受到外部施加的或自身产生的应力作用下，不同晶体会产生不同的形变，从而导致局部的高应力，并通过裂纹形式加以释放。断口为岩石断裂后破碎面的简称，通过分析断口形貌可以判断断口类型、岩石断裂方式及断裂路径。岩石断口按照宏观变形量可分为韧性断口和脆性断口；按照断裂路径则可分为沿晶断裂及穿晶断裂。岩石在宏观意义上属于脆性材料，其断裂方式主要表现为脆性破坏，但由于岩石的非均质性，其液氮磨料射流冲击作用下，局部区域易产生应力集中，在裂缝尖端导致塑性形变。本小节按照断口断裂机制分类，对液氮磨料射流破碎高温花岗岩的断裂特征进行分析。

1) 解理断裂

解理断裂是固体材料在正应力作用下，裂纹穿过晶粒，沿解理面成核、扩展而导致的脆性断裂。解理断裂可以用格里菲斯断口理论进行解释，岩石等脆性材料在受到外力作用时，裂缝有变宽趋势，产生弹性形变能，而裂纹延伸使表面积增加，需要吸收能量，当裂纹扩展时所释放或消耗的能量大于产生新平面需要的能量时，裂纹就会产生失稳扩展。而低温作用、冲击载荷及应力集中常促使解理断裂的产生。在液氮磨料射流破碎高温花岗岩过程中，低温流体快速冷却岩石表面，使岩石脆性增强，裂缝扩展时尖端塑性变形区域小，所消耗能量低；而磨料颗粒的高速冲击，使岩石局部区域容易产生高应变率，并引起局部应力集中，使不稳定裂纹扩展所需的能量降低，这都将导致解理断裂的产生，促进岩石以解理断裂方式破碎。解理断面一般是沿着低指数或表面能最低的晶面扩展，在微观上常表现为解理台阶、河流花样、舌状花样等形貌特征。图 4-64 展示了液氮磨料射流破碎高温花岗岩所形成的几种常见解理断裂断口形貌。

图 4-64　破碎岩石解理断裂断口形貌

　　当液氮磨料射流冲击高温岩石时，在岩石表面产生较大的热应力，热应力表现为拉应力，最高可达数十兆帕，超过一般岩石的抗拉强度。在拉应力作用下，岩石表面易产生热裂缝，如图 4-65 所示，热裂缝呈两端封闭的形状。低温流体在射流压力作用下进入裂纹内部，继续冷却裂纹表面，在垂直于主裂纹方向易产生新的次生裂纹。

图 4-65　破碎岩石表面热裂缝

2) 剪切断裂

剪切断裂是一种伴有塑性变形的断裂方式，属于韧性断裂。剪切断裂一般可以分为两类，滑断或纯剪切断裂和微孔聚集型断裂，典型形貌是断口上形成大量韧窝。岩石是由多晶体组成，且晶体间一般都含有夹杂物或第二相，非均质性较强，在受到外部剪切力作用时，各晶体或相间变形协调能力不同，在晶界或相界易产生微裂纹。如前所述，在低温及高速冲击作用下，裂纹尖端易发生应力集中，使微裂纹尖端产生塑性形变，形成微孔隙，断裂后便形成微坑或韧窝。韧窝的形成只能说明岩石在局部区域内发生韧性断裂，塑性变形可能只局限于韧窝附近微小区域内，不能由此判断岩石在宏观区域内发生韧性断裂。很多沿晶断口上虽然存在塑性形变产生的韧窝结构，但是宏观上仍表现为脆性断裂特征。图 4-66 显示了液氮磨料射流作用下高温花岗岩内形成的典型剪切断裂断口形貌。

(a)   (b)

图 4-66 破碎岩石剪切断裂断口形貌

3. 破岩影响因素分析

1) 低温对岩石物性的影响

岩石是由多种矿物晶体胶结而成，具有较强的非均质性和各向异性。不同矿物颗粒具有不同的物理性质，即使相同矿物颗粒，在不同温度下，其物理性质也有较大差别。当低温液氮作用于高温岩石时，矿物颗粒遇冷收缩，不同矿物颗粒热膨胀性存在差异，且岩石不同部位受热不均匀，引起矿物颗粒间的拉伸和剪切作用，对岩石的物理性质产生重要影响，其中最显著的影响是在岩石表面产生热裂缝。热裂缝的生成引起岩石损伤，进而影响岩石的渗透性、强度等物理性质。笔者团队开展了一系列液氮喷射和浸泡冷却岩石试验，探究低温液氮对岩石物性的影响。试验结果表明，高温花岗岩经液氮快速冷却处理后，岩石的渗透性增加，而声波速度、抗拉强度和抗压强度则显著降低。低温液氮处理将影响岩石原有的内部结构，对岩石造成重要的不可逆的损伤。同时，Han 等[20]的试验表明，低温流体对岩石的冷却会使岩石的脆性增加,而岩石的脆性与裂纹的产生紧密相关,岩石的脆性越强,外力作用下岩石越容易形成复杂裂缝结构。

2)低温液氮对岩石物性的影响

图 4-67 为岩石在单个磨料颗粒撞击时的受力分析示意图。在高速磨料颗粒撞击下,岩石在撞击点附近区域产生弹性形变,在粒子与岩石接触的正下方较小区域内,岩石发生塑性形变,产生凹陷、破碎;当冲击载荷卸载时,由塑性形变引起的残余应力将继续作用于岩石,在其内部产生侧向裂纹[21]。在粒子与岩石接触边缘的凹陷区域,岩石由于压缩形变而产生剪应力,当剪应力超过岩石的剪切破碎强度时,岩石局部出现压缩剪切破坏,在颗粒撞击区域产生径向裂纹。由于岩石的压缩形变,剪应力作用区域周围岩石向撞击点收缩,形成拉应力。

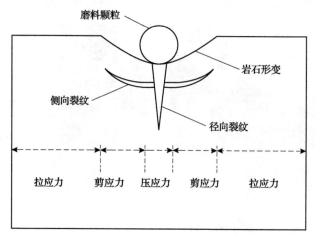

图 4-67　岩石在单个磨料颗粒撞击时的受力分析示意图

根据卢义玉等[15]的研究,冲击载荷作用于岩石上时,将在岩石内产生应力波。应力波以冲击点为中心呈球面波向岩石内部传播;应力波在传播过程中会形成较大的径向拉应力,使岩石的内部微观结构发生变化,产生裂隙并使其延伸。研究表明[22],对于花岗岩等硬岩,应力波主要作用于冲击点附近区域岩石,并随传播距离的增加而迅速衰减,具有明显的局部效应。同时,冲击载荷速度越大,应力波衰减越快,对岩石作用效果越明显。在颗粒不断冲击作用下,岩石内微裂纹受应力波影响,逐渐向表面扩展,最终形成碎屑从岩石基体中剥落。

此外,在磨料颗粒的持续冲击下,岩石将产生疲劳损伤。岩石在受到低于其破碎压力的循环载荷作用下存在一定的疲劳寿命,即岩石发生疲劳破坏时循环载荷的作用次数。研究表明,岩石的疲劳寿命随着冲击载荷幅值的减小而增加。因此,在液氮磨料射流射孔过程中,随着孔眼深度增加,射流喷射距离增大,颗粒速度快速衰减,单个颗粒在岩石中产生的冲击应力已不足以破碎岩石,但在颗粒的不断冲击下,岩石依然可以产生疲劳破碎。此外,磨料颗粒在从孔眼底部反弹排出过程中,对孔眼壁面同样具有疲劳损伤作用,从而使射孔孔眼直径不断扩大。

3)热应力作用效果

建立如图 4-68 所示的数值计算物理模型,利用热-流-固耦合方法研究了液氮射流冲击冷却高温花岗岩所引起的热应力分布[23]。耦合计算过程中,高速液氮射流流场采用标准湍动能-湍流耗散率模型计算,多孔岩石内的渗流和传热则分别采用达西渗流模型和局部非热平衡模型计算,由于花岗岩杨氏模量较大,在结构模块中采用热弹性模型计算岩石内的热应力分布。模型尺寸及参数参考本节高压液氮磨料射流试验参数。为节约计算时间,取 1/2 模型进行模拟计算。

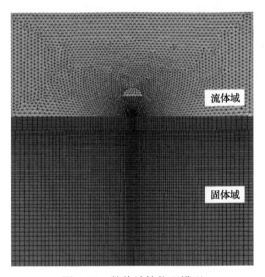

图 4-68　数值计算物理模型

图 4-69 为液氮磨料射流冷却岩石初期(0.1s)岩石内最大主应力分布云图,可以发现由温度梯度引起的热应力主要沿喷射面中轴线分布,且热应力表现为拉应力,拉应力的最大值可达 46.7MPa 左右,远超岩石的抗拉强度。岩石在热应力作用下拉伸变形,产生拉伸裂纹,甚至使岩石沿最大主应力方向(中轴线方向)产生劈裂。

4)流体水楔作用

由于磨料颗粒的冲击和热应力的拉伸作用,在岩石喷射点及附近区域不断生成新裂缝。液氮黏度低,在射流压力作用下,液氮容易渗入岩石内部的微小裂缝、细小通道及孔隙中,增大岩石内孔隙流体压力。高压流体作用于裂纹缝隙壁面,形成水楔作用,如图 4-70 所示。流体在裂缝尖端产生拉应力集中,使裂缝持续扩

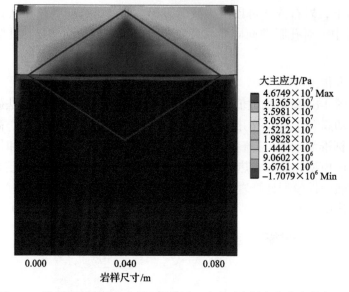

图 4-69　液氮磨料射流冷却岩石初期(0.1s)岩石内最大主应力分布云图

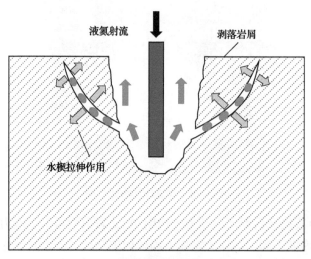

图 4-70　流体的水楔作用示意图

展。裂缝延伸过程中，更多裂缝被沟通，最终使裂缝前缘扩展到岩石表面，形成岩石破碎。同时，液氮受热体积增大，进一步增强了缝内流体对岩石的拉伸作用。对于花岗岩等脆性硬岩，屈服极限短，当局部最大应力达到岩石屈服极限时，岩石在颗粒冲击点处易发生纵向劈裂。此外，流体的高速冲击作用可以及时清除孔眼底部的磨料颗粒和岩石碎屑，有利于磨料颗粒冲击作用于新的岩石表面，加速破碎过程。

三、参数影响规律

通过试验研究了磨料混合方式、喷嘴压降、喷嘴直径、磨料颗粒直径、岩石温度 5 个参数对破岩效果的影响[24]。试验方案如表 4-4 所示。

表 4-4　参数研究试验方案

方案	磨料混合方式	喷嘴压降/MPa	岩石温度/℃	喷嘴直径/mm	磨料颗粒直径/目
1	前混、后混	10	200	1	80
2	前混	5~30	200	1.5	40
3	前混	15	200	1~3	80
4	前混	15	200	1.5	40~80
5	前混	15	20~300	1.5	40

1. 磨料混合方式

为对比不同磨料混合方式对破岩效果的影响，开展前混液氮磨料射流和后混液氮磨料射流破岩试验。图 4-71 为前混和后混液氮磨料射流破岩结果，图 4-72 为前混和后混液氮磨料射流射孔平均孔眼直径与深度测量结果。从图 4-71 中可以看出，两种混合方式液氮磨料射流形成的射孔孔眼形状均不规则，两者在岩石表面破碎面积大小相当，孔眼平均开口直径分别为 9.17mm 和 9.30mm。但是，前混液氮磨料射流破碎体积明显更大，前混磨料射流形成的射孔孔眼深度为 3.75mm，而后混磨料射流形成的孔眼深度仅为 1.26mm，仅仅在岩石表面区域产生损伤破碎。

在前混磨料射流中，流体和颗粒在喷嘴前混合，在喷嘴内共同得到加速；而在后混磨料射流中，流体首先通过喷嘴进行加速，之后在喷嘴外流场与颗粒进行混合，与颗粒发生动量交换，速度降低。因此，在相同喷嘴压降和喷嘴直径条件

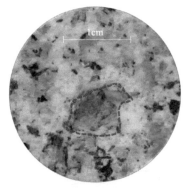
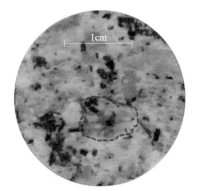

(a) 前混液氮磨料射流　　　　　　　　(b) 后混液氮磨料射流

图 4-71　前混和后混液氮磨料射流破岩效果

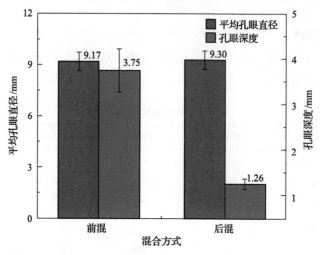

图 4-72　前混和后混液氮磨料射流射孔平均孔眼直径与深度

下，颗粒在前混磨料射流中可以获得更高的喷嘴出口速度，对岩石的冲击作用更大。由于实际井下射孔作业中均采用前混磨料射流，后续将主要围绕前混磨料射流参数的影响规律进行探讨。

2. 喷嘴压降

图 4-73 为不同喷嘴压降下液氮磨料射流射孔平均孔眼直径与深度变化曲线，可以发现喷嘴压降对孔眼直径影响较小，而对孔眼深度影响显著。当喷嘴压降为5MPa 时，孔眼深度仅为2.08mm，而当喷嘴压降增加至20MPa 时，孔眼深度大幅度增加，达到 6.69mm，较 5MPa 射流所形成孔眼深度提高了 221.6%。当喷嘴压降

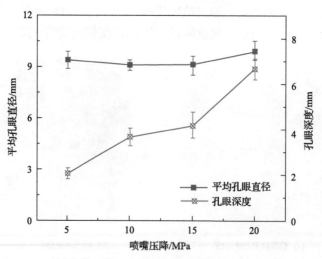

图 4-73　不同喷嘴压降下液氮磨料射流射孔平均孔眼直径与深度

增大后，颗粒出口速度提升，等速核长度也相应增加。因此，在相同喷射距离条件下，可以破碎更远距离处的岩石，形成更深的射孔孔眼。而喷嘴压降对射流束直径影响较小。因此，所形成射孔孔眼具有相近的开口直径。

如图 4-74(a)所示，当液氮磨料射流喷嘴压降增加到 25MPa 时，高温岩石的破碎形式发生改变，岩石沿表面轴线劈裂为两部分，同时，在射流喷射点处，岩石表面产生冲蚀破碎现象。继续增大喷嘴压降至 30MPa，岩样在磨料射流作用下同样发生崩裂，如图 4-74(b)所示，在此喷嘴压降条件下，高温岩石破碎得更彻底。图 4-75 为喷嘴压降为 30MPa 液氮磨料射流冲击作用下高温岩石破碎所形成的岩屑，可以看到，岩屑呈片状或楔状，大小从几毫米到几厘米不等。岩石破碎断裂

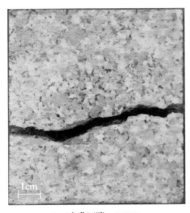 

(a) 喷嘴压降：25MPa　　　　　　　　(b) 喷嘴压降：30MPa

图 4-74　喷嘴压降为 25MPa 和 30MPa 时液氮磨料射流冲击作用下岩石破碎形态

图 4-75　喷嘴压降为 30MPa 时液氮磨料射流冲击作用下高温岩石破碎岩屑

面整齐，为典型的拉伸破坏结果，而在射流冲击面上并未形成明显的射流孔眼。这说明在高压液氮磨料射流破岩试验中，岩石破碎时间较短，高速磨料颗粒对岩石冲蚀损伤作用较小。

3. 喷嘴直径

通过试验方法研究了喷嘴直径对液氮磨料射流破岩效果的影响。试验中，分别采用 1mm、1.5mm、2mm、2.5mm 和 3mm 5 种直径喷嘴，为保证磨料颗粒顺利通过所有直径喷嘴，试验中采用直径较小的 80 目磨料颗粒。图 4-76 为不同喷嘴直径条件下液氮磨料射流射孔平均孔眼直径与深度变化曲线，可以发现增大喷嘴直径，可以明显增大射孔孔眼直径，即射流破碎面积增大。当喷嘴直径由 1mm 增加到 3mm 时，平均孔眼直径增加了 7.47mm，增幅达到 95.9%，而孔眼深度仅增大了 10.8%，增幅相对较小。增加喷嘴直径，喷嘴出口射流束直径将变大，因此射流破碎面积增加。而喷嘴直径对磨料颗粒速度的影响不如喷嘴压降等参数明显，此外，在液氮磨料射流冲击试验中，岩石多以大碎屑形式剥落，因此试验中喷嘴直径变化对射孔孔眼深度影响较小。

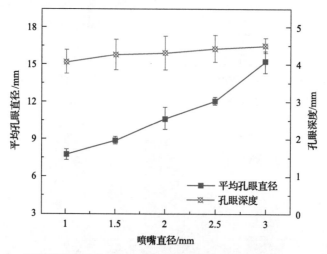

图 4-76　不同喷嘴直径条件下液氮磨料射流射孔平均孔眼直径与孔眼深度

4. 磨料颗粒直径

分别采用直径为 40 目和 80 目两种颗粒进行液氮磨料射流破岩试验。图 4-77 为液氮磨料射流喷射所形成的射孔孔眼形态。从图 4-77 中可以发现，两种磨料冲击形成的孔眼均不规则。40 目颗粒冲击形成的孔眼壁面上存在多条深壑，说明岩石受拉伸作用效果明显，而 80 目颗粒冲击形成的孔眼表面切削磨蚀痕迹比较明显。

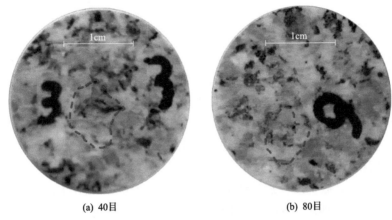

(a) 40目   (b) 80目

图 4-77　不同磨料颗粒直径下液氮磨料射流射孔孔眼形态

　　图 4-78 为两种直径磨料颗粒射流所形成的平均孔眼直径和孔眼深度测量结果。可以看到，相较于 80 目磨料颗粒，40 目颗粒所形成的平均孔眼直径和孔眼深度均有大幅度提升，增幅分别达到 28.2%和 77.0%。试验中，液氮射流中的磨料颗粒浓度较低，不同直径颗粒的喷嘴出口速度近乎相同。而 40 目磨料颗粒的直径约为 80 目颗粒直径的 2.4 倍，在相同颗粒密度条件下，单个 40 目颗粒质量约为 80目颗粒质量的 5 倍多。由动量计算公式可知，试验中单个 40 目颗粒的冲量动量远大于单个 80 目颗粒。因此，在 40 目磨料射流冲击试验中，由颗粒撞击引起的应力以及颗粒的切削作用要更强，由此造成在 40 目磨料射流破岩试验中，岩石破碎坑体积和切削岩屑体积均较大。

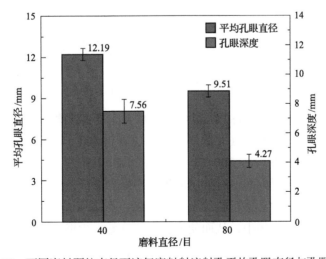

图 4-78　不同磨料颗粒直径下液氮磨料射流射孔平均孔眼直径与孔眼深度

5. 岩石温度

岩石初始温度用于表征储层岩石温度。本节喷射岩样初始温度变化范围为从室温（20℃）到300℃。图4-79为不同岩石温度下液氮磨料射流射孔平均孔眼直径与孔眼深度变化曲线。从图4-79中可以发现，岩石初始温度对岩石破碎具有重要影响，随着岩石初始温度升高，射孔的平均孔眼直径和孔眼深度不断增加，且增幅有不断增大的趋势。当喷射岩样为常温时，液氮磨料射流形成的射孔平均孔眼直径和孔眼深度分别为7.46mm和5.72mm，而当岩石初始温度升高至250℃时，平均孔眼直径和孔眼深度分别达到12.13mm和10.25mm，相较于在常温岩石中形成的孔眼，增幅分别达到62.6%和79.2%。岩石初始温度越高，岩石损伤越严重，岩石中微裂纹越发育，在液氮磨料射流破岩试验中，冷却受损岩石在高速磨料颗粒撞击及高压流体水楔作用下更容易沿裂缝剥落，由此引起射孔孔眼的增大。

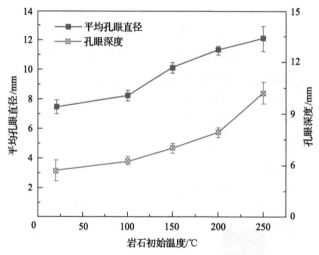

图 4-79　不同岩石温度下液氮磨料射流射孔平均孔眼直径与孔眼深度

如图4-80所示，当岩石初始温度为250℃时，经液氮磨料射流冲击后，除在冲击区域形成射孔孔眼外，在孔眼周围还形成数条裂缝，甚至有部分裂缝一直延伸到岩样边缘。试验中，当300℃岩石受到高压液氮磨料射流冲击后，短时间内（10s左右）便发生劈裂，并伴有低沉的崩裂声响。高压液氮磨料射流加快了岩石冷却速率，在岩石表面形成了错综复杂的裂缝，而高压流体和磨料颗粒冲击则在岩石局部区域形成应力集中，从而使岩石沿裂缝易发生劈裂。

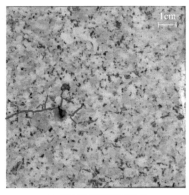

(a) 岩石初始温度:250℃ (b) 岩石初始温度:300℃

图 4-80 液氮磨料射流冲击作用下 250℃及 300℃岩石破碎形态

参 考 文 献

[1] Cai C Z, Huang Z W, Li G S, et al. Feasibility of reservoir fracturing stimulation with liquid nitrogen jet[J]. Journal of Petroleum Science and Engineering, 2016, 144: 59-65.

[2] Gritskevich M S, Garbaruk A V, Schütze J, et al. Development of DDES and IDDES formulations for the k-ω shear stress transport model[J]. Flow, Turbulence and Combustion, 2012, 88 (3): 431-449.

[3] Wu X G, Huang Z W, Dai X W, et al. Detached eddy simulation of the flow field and heat transfer in cryogenic nitrogen jet[J]. International Journal of Heat and Mass Transfer, 2020, 150: 119275.

[4] Wu X G, Huang Z W, Li G S, et al. Experiment on coal breaking with cryogenic nitrogen jet[J]. Journal of Petroleum Science and Engineering, 2018, 169: 405-415.

[5] 闫铁, 张杨, 杜树明. 基于岩屑分形破碎特征的钻井工程能效评价模型[J]. 岩石力学与工程学报, 2014, 33(S1): 3157-3163.

[6] Turcotte D L. Fractals and fragmentation[J]. Journal of Geophysical Research: Solid Earth, 1986, 91 (B2): 1921-1926.

[7] 黄中伟, 武晓光, 李冉, 等. 高压液氮射流提高深井钻速机理[J]. 石油勘探与开发, 2019, 46(4): 768-775.

[8] Wu X G, Huang Z W, Zhao H Q, et al. A transient fluid-thermo-structural coupling study of high-velocity LN$_2$ jet impingement on rocks[J]. International Journal of Rock Mechanics and Mining Sciences, 2019, 123: 104061.

[9] Shao S, Ranjith P G, Wasantha P L P, et al. Experimental and numerical studies on the mechanical behaviour of Australian Strathbogie granite at high temperatures: An application to geothermal energy[J]. Geothermics, 2015, 54: 96-108.

[10] Yang S Q, Xu P, Li Y B, et al. Experimental investigation on triaxial mechanical and permeability behavior of sandstone after exposure to different high temperature treatments[J]. Geothermics, 2017, 69: 93-109.

[11] Chen Y L, Ni J, Shao W, et al. Experimental study on the influence of temperature on the mechanical properties of granite under uni-axial compression and fatigue loading[J]. International Journal of Rock Mechanics and Mining Sciences, 2012, 56: 62-66.

[12] Liu S, Xu J Y. Study on dynamic characteristics of marble under impact loading and high temperature[J]. International Journal of Rock Mechanics and Mining Sciences, 2013, 62: 51-58.

[13] Inada Y, Yokota K. Some studies of low temperature rock strength[J]. International Journal of Rock Mechanics and Mining Sciences & Geomechanics Abstracts, 1984, 21 (3): 145-153.

[14] 王瑞和, 倪红坚. 高压水射流破岩机理研究[J]. 石油大学学报: 自然科学版, 2002, 26 (4): 118-122.

[15] 卢义玉, 黄飞, 王景环, 等. 超高压水射流破岩过程中的应力波效应分析[J]. 中国矿业大学学报, 2013, 42: 519-525.

[16] 司鹄, 王丹丹, 李晓红. 高压水射流破岩应力波效应的数值模拟[J]. 重庆大学学报(自然科学版), 2008, 31: 942-945.

[17] Zhang S K, Huang Z W, Shi H Z, et al. Note: A novel experimental setup for high-pressure abrasive liquid nitrogen jet[J]. Review of Scientific Instruments, 2018, 89 (8): 086109.

[18] Zhang S K, Huang Z W, Wang H Z, et al. Experimental study on the rock-breaking characteristics of abrasive liquid nitrogen jet for hot dry rock[J]. Journal of Petroleum Science and Engineering, 2019, 181: 106166.

[19] Yang R Y, Hong C Y, Huang Z W, et al. Coal breakage using abrasive liquid nitrogen jet and its implications for coalbed methane recovery[J]. Applied Energy, 2019, 253: 113485.

[20] Han S C, Cheng Y F, Gao Q, et al. Experimental study of the effect of liquid nitrogen pretreatment on shale fracability[J]. Journal of Natural Gas Science and Engineering, 2018, 60: 11-23.

[21] Jarvie D M, Hill R J, Ruble T E, et al. Unconventional shale-gas systems: The Mississippian Barnett Shale of north-central Texas as one model for thermogenic shale-gas assessment[J]. AAPG bulletin, 2007, 91 (4): 475-499.

[22] 卢义玉, 张赛, 刘勇, 等. 脉冲水射流破岩过程中的应力波效应分析[J]. 重庆大学学报: 自然科学版, 2012, 35 (1): 117-124.

[23] Zhang S K, Huang Z W, Huang P P, et al. Numerical and experimental analysis of hot dry rock fracturing stimulation with high-pressure abrasive liquid nitrogen jet[J]. Journal of Petroleum Science and Engineering, 2018, 163: 156-165.

[24] 黄中伟, 张世昆, 李根生, 等. 液氮磨料射流破碎高温花岗岩机理[J]. 石油学报, 2020, 41 (5): 604-614.

第五章　液氮在管柱内的流动传热

采用超低温液氮作为压裂液，由于液氮与管柱之间存在巨大温差，注入井内后将发生剧烈换热，整套液氮压裂工艺与传统压裂工艺存在差异，也给整个压裂过程中井内温度和压力分布计算带来挑战。液氮压裂过程中注入压力高，运输距离长，注入排量大，导致整个管柱内液氮处于高压、高雷诺数的状态，且液氮温度随着运移距离的增加而改变。研究不同温度液氮在圆管内的换热规律，可为压裂过程中井筒温度分布计算、井筒换热规律研究、压裂参数及工艺优化设计提供基础。

第一节　液氮圆管内对流换热特性

一、实验装置与方法

1. 实验装置

为研究液氮在圆管内的流动传热规律，设计如图 5-1 所示的实验装置。装置整体高度近 3.5m，为方便设备安装、调试及测量元件校准等工作，在支架上设置

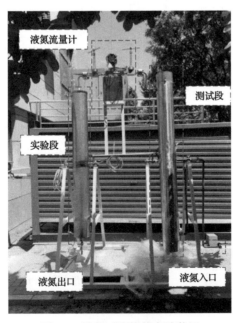

图 5-1　液氮对流换热实验装置

了转动轴，实验段和测试段由四个滚动轴承支撑转动。固定管件和活动部件之间均采用金属动密封。

整套液氮对流换热测试实验系统及实验段内部结构如图 5-2 和图 5-3 所示。

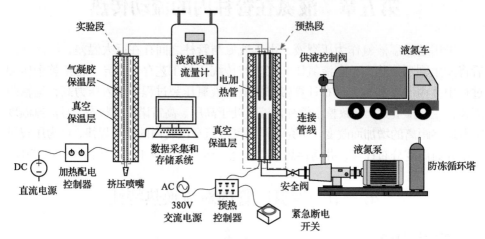

图 5-2　液氮对流换热实验系统示意图

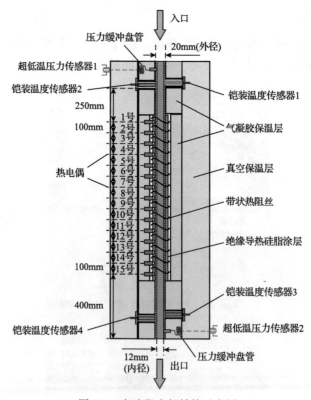

图 5-3　实验段内部结构示意图

　　图 5-2 为整套实验系统，由液氮车、液氮泵、安全阀、预热段、液氮质量流量计、实验段、直流电源、数据采集和存储系统等部件构成。由于实验所用排量较高(高达 2000kg/h)，为保证稳定的液氮供给，采用 20t 液氮槽罐车持续提供液氮。液氮经柱塞式液氮泵增压后进入预热段预热。系统内液氮质量流量由科氏质量流量计测量并连续记录。采用内径 12mm 的竖直圆管模拟压裂管柱，液氮与模拟管柱之间的对流换热系数在实验段内完成测试。由于被测流体具有超低温特性，大排量下压力控制难度高，本实验采用出口喷嘴憋压的方式控制实验系统内压力。当液氮温度及质量流量稳定时，实验系统压力也将达到稳定状态。为保证实验参数的自由组合，共设置三种出口喷嘴直径，分别为 1.5mm、2.5mm、3.5mm。

　　实验段竖直安装于液氮质量流量计下游，其内部结构如图 5-3 所示。采用内径 12mm、外径 20mm、长 2.4m 无缝钢管模拟压裂管柱，其中加热段长度 1.5m，处于无缝钢管中部。液氮由上向下流经无缝钢管，模拟液氮从压裂管柱向下流动过程。在钢管两端采用超低温压力传感器测量流体压力。压力传感器与管柱之间由 Φ6mm 压力盘管连接，采用卡套-压帽进行密封，方便灵活拆卸。另外，实验还需测量入口、出口流体温度等关键参数。本研究采用四支铠装热电偶分别测量加热段两端流体温度，并使热电偶测温点与流体直接接触。考虑到铠装热电偶与管壁直接接触容易对测温结果产生影响，在管壁垂直焊接 40mm 长引管，铠装热电偶与引管之间通过螺纹连接，采用紫铜垫密封。此时整支热电偶前端 40mm 浸泡在待测流体中，而直径 2mm 的测温点处于热电偶尖端，安装后测温点处于流道中心位置，所测的数据可真实反映当前流体温度，且具有更好的响应灵敏度。

　　流体在入口、出口附近及引管处由于流道变化，往往会造成流场变化。在 1.5m 长测试段前后均留有 250mm 长管柱，以避免流体流动不稳定对换热造成影响。加热段外壁面均匀缠有带状锰铜热阻丝，为模拟管柱提供均匀、稳定的热量输入。由于热阻丝呈螺旋状缠绕于管外壁，为防止电磁感应生热对计算结果造成影响，热阻丝采用直流电源供电，热流密度数值可由直流电源供电电流、电压以及总加热面积计算得到。热阻丝与不锈钢管间采用绝缘导热硅脂涂层绝缘，涂层薄且均匀，以保证加热的均匀性。1.5m 长测试段外壁面均匀布置有 15 支热电偶，相邻两支热电偶之间间隔 100mm。热电偶通过精密氩弧焊接技术焊于模拟井筒外表面，用以监测测量段沿程外壁面温度。焊接完成后，利用液氮在常压下对 15 支热电偶进行二次标定，以保证测量误差在 0.1℃以内。值得注意的是热阻丝加热过程中，可能对热电偶测温造成影响，热电偶测点及附近线程隔热效果至关重要。本书中采用磁珠填充气凝胶的方式对该部分进行隔热。

气凝胶又称为干凝胶，别称"蓝烟"，是世界上密度最小的固体[1,2]。其中，硅气凝胶是最常见的气凝胶，具备优异的耐火隔热性能，实物图见图 5-4。本实验采用气凝胶作为加热段第一层隔热材料主要有两点考虑：首先，气凝胶耐火隔热且不导电，即使与热阻丝直接接触也不具备安全隐患，隔热性能优异；其次，气凝胶密度仅为空气的 2～3 倍，其体积热容极低，在改变实验参数时可使系统更快地达到稳定状态。为尽可能隔绝外界热源，防止局部低温产生结霜现象，将整个实验段放置于真空隔热筒内，作为第二层隔热措施。

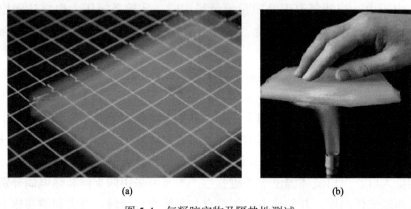

(a) 　　　　　　　　　　　　　　 (b)

图 5-4　气凝胶实物及隔热性测试

2. 实验原理与实验方法

对流换热系数为表征流体与固体壁面之间换热能力的参数，与流体类型、流体温度、压力、流动状态、壁面温度等参数均有关。稳态方法是获取流体与固体壁面间流动传热规律的常用方法，其本质为在已知壁面热流密度条件下，测量固体壁面与流体之间的温差，得到流体与壁面间的换热速率。式(5-1)为对流换热系数计算公式，其中 h 为对流换热系数，q_{win} 为内壁面热流密度，ΔT 为内壁面与流体间温差：

$$h = \frac{q_{\text{win}}}{\Delta T} \tag{5-1}$$

图 5-5 直观地呈现了稳态法测量低温氮在圆管内对流换热系数的原理。低温流体向下流经圆管段，入口流体温度为 T_{in}，出口流体温度为 T_{out}。在圆管外壁面施加均匀热流密度 q，热量径向传导后被流体带走。当均匀热流密度 q、入口流体温度 T_{in} 及质量流量稳定时，低温氮与管壁之间的换热将达到稳定状态。在稳定传热状态下，通过圆管外壁温度、外壁面热流密度及固体壁面导热系数，可算得

圆管内壁面温度。此时，根据式(5-1)即可得到该状态下低温氮与壁面之间的对流换热系数。

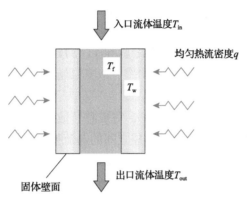

图 5-5　稳态法测量局部对流换热系数示意图

T_f-流体温度；T_w-内壁面温度

　　由上述原理可知，流体与固体壁面间传热达到稳定状态是测量对流换热系数的前提，实验过程中需要控制壁面热流密度、入口流体温度及质量流量保持稳定。因此，接头、管件、支撑结构等可能漏热的部位均需做好隔热处理。

　　在压裂工况下测量液氮流动传热规律具有一定的特殊性，整个实验系统处于高压、高排量、超低温状态下，加上 380V 三相交流电供电及高达 60kW 的预热功率，使实验具有一定危险性。实验装置涉及的测量部件、接头及管阀件较多，合理设置实验方案，可提高实验的安全性及实验结果的可靠性。具体实验步骤如下。

　　(1)实验系统连接、调试。紧固管阀件接头，真空保温套抽真空，检查供电接线是否牢固，查看传感器数据采集是否正常。

　　(2)管道清理。由于实验采用喷嘴憋压方式控制系统内压力，管道内异物及结霜可能堵塞出口，造成系统内压力过高。利用高压氮气瓶置换管道内空气，并用大排量连续充注 3min，确保管道干燥、清洁。

　　(3)系统预冷。连接并启动液氮泵，整个实验系统通液氮，当出口出现液氮时表明初步预冷完成。此时对所有管阀接头进行二次紧固，并对所有管线、接头包裹隔热材料。

　　(4)实验系统试运行。管道出口加装 1.5mm 喷嘴，低排量泵注液氮，当喷嘴出口出现连续液氮射流时，说明整个实验系统预冷完成。液氮泵停泵，同时关闭质量流量计两端低温阀门，在测量管内充满液氮的情况下，对质量流量计进行初始化。

　　(5)实验系统试压。逐渐增加液氮泵输出排量，至压力传感器显示系统内压力达到 35MPa 并维持 2min，查看各接头处是否有液氮渗漏。

(6)数据采集。按照实验方案调整实验参数，启动数据采集和存储系统，以 1Hz 采样频率连续采集温度、压力、质量流量、直流电源供电电压和电流等参数。当加热段下游两支铠装热电偶温度一致且波动低于 0.2℃时，流动传热达到稳定状态，记录达到稳态时间，将达到稳态之后 60s 内的数据作为有效数据。

(7)改变实验段加热功率、预热功率、液氮泵转速等参数，重复步骤(6)，得到不同参数组合下的换热数据。

(8)更换喷嘴，重复步骤(6)、(7)，完成整套数据测量。

为测得不同压裂工况下液氮与管柱之间的对流换热规律，需要对实验参数进行组合设计，以提高实验效率，获得更多参数范围内的实验结果。本实验可控实验参数主要有出口喷嘴直径、液氮泵转速、预热功率、实验段加热功率等。各参数调节范围如表 5-1 所示。

表 5-1　对流换热系数测量实验参数及范围

预热功率/kW	实验段加热功率/kW	实验压力/MPa	质量流量/(kg/h)	喷嘴直径/mm
0～60	0～5	3～35	300～2000	1.5、2.5、3.5

考虑实验系统内压力随其他参数的改变，正交实验方案变量控制困难，且实验参数组合设置过多将消耗大量液氮，造成工质浪费。另外，部分实验参数组合无法实现，如 1.5mm 喷嘴直径下采用高排量、大预热功率可能造成实验系统内压力过高。为提高实验效率，在获得足够多实验数据分析液氮传热规律的前提下减少工作量，设置如表 5-2 所示的参数组合。

表 5-2　实验参数组合

喷嘴直径/mm	质量流量/(kg/h)	预热功率/kW	实验段加热功率/W				
			250	500	1000	2000	5000
1.5	Q_1	0、1、2	参数组合 1	……		参数组合 14	
	Q_2		参数组合 15	……		参数组合 28	
2.5	Q_3	0、1、2、3、4、5、6	参数组合 29	……		参数组合 63	
	Q_4		参数组合 64	……		参数组合 98	
	Q_5		参数组合 99	……		参数组合 133	
3.5	Q_6	0、1、2	参数组合 134	……		参数组合 150	

本实验主要测试 2.5mm 喷嘴，三种质量流量、七种预热功率、五种管外壁热

流密度的参数组合下，液氮与模拟管柱之间的换热强度。而 1.5mm 喷嘴、3.5mm 喷嘴作为辅助测量参数组合，使液氮所处温度、压力条件分布于更广的范围内。在最终实验过程中，视情况对参数组合进行了部分调整，最终测试参数 150 组，后续参数影响规律分析过程也将以 2.5mm 出口喷嘴所得数据为主。

3. 实验数据处理

根据 15 支热电偶所测的加热段管外壁面温度及相应热流密度，可计算得到管内壁处温度：

$$T_{\mathrm{w}}(x) = T_{\mathrm{m}}(x) - \frac{q_{\mathrm{wout}} D \ln(D/d)}{2 k_{\mathrm{tube}}} \tag{5-2}$$

式中，T_{w} 为加热段管内壁面温度，℃；T_{m} 为热电偶所测的温度，℃；q_{wout} 为施加于外壁面的热流密度，W/m^2；k_{tube} 为管壁导热系数，W/(m·℃)；D 为不锈钢管外径，m；d 为不锈钢管内径，m；x 为预热段沿轴向方向的距离，m。

热流密度可由直流电源供电电流 I、电压 U 及加热面积得到：

$$q_{\mathrm{wout}} = \frac{UI}{\pi D L} \tag{5-3}$$

式中，L 为预热段长度。

要计算局部换热强度，需要得到管内流体平均温度。由于管内流体温度不可直接测得，本章采用入口流体温度、质量流量及加热功率估算局部流体温度：

$$H_{\mathrm{b}}(x) = H_{\mathrm{in}} + \frac{q_{\mathrm{wout}} \pi D x}{Q} \tag{5-4}$$

式中，H_{b} 为局部流体焓值；H_{in} 为入口处流体焓值；Q 为质量流量。根据 NIST 数据库[3]由流体焓值即可计算圆管某截面流体平均温度 T_{b}。此时，可计算局部流体与管柱对流换热系数 h_{x} 及努塞尔数 Nu：

$$h_{\mathrm{x}} = \frac{q_{\mathrm{wout}} D}{d(T_{\mathrm{w}} - T_{\mathrm{b}})} \tag{5-5}$$

$$Nu_{\mathrm{x}} = \frac{h_{\mathrm{x}} d}{k_{\mathrm{b}}} \tag{5-6}$$

式中，k_{b} 为界面流体平均导热系数。

二、液氮对流换热规律

1. 实验数据点分布

实验测得数据点温度、压力分布如图 5-6 所示。其中，赝临界温度是指当压力高于临界压力时，超临界氮气的定压比热容最大值所对应的温度。赝临界温度随压力升高而升高，且当压力超过某一特定值时，赝临界点消失，即流体定压比热容随温度单调变化，不再出现极大值。

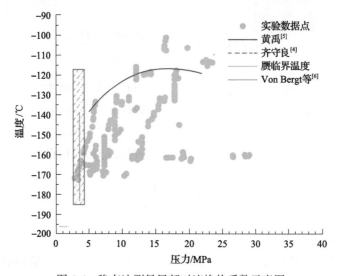

图 5-6　稳态法测量局部对流换热系数示意图

本次实验数据主要分布于 3～30MPa、−175～−95℃范围内，由于压力不可独立控制，数据点分布无明显特征。目前，已有部分学者对液氮/超临界氮在圆管内的对流换热现象展开相关研究。研究内容主要集中于液氮沸腾换热现象[4, 7]、低压液氮对流换热[8]及超临界氮对流换热特性与传热规律[5, 6]等方面，并基于研究数据提出了适用于相应工况的对流换热强度预测公式。由图 5-6 可知，前人仅研究低压条件下（＜5MPa）液氮/超临界氮流动传热规律，而压裂工况下流体所处压力要远高于 5MPa。因此，有必要对实验结果进行规律分析，分析已有预测公式的预测精度，评价已有公式是否适用于压裂工况下液氮对流换热强度。

压裂过程中，压裂工质所处压力超过 50MPa，甚至高达 80MPa。虽然液氮压裂过程中由于热应力辅助致裂作用可有效降低岩石起裂压力，但液氮所处压力仍可能超过 30MPa。因此，实验所得数据点能否代替绝大部分液氮压裂工况仍需进行讨论。

图 5-7 呈现了不同压力下低温氮定压比热容与密度随温度变化曲线。由图 5-7(a)

可知，低温氮定压比热容在临界点附近变化剧烈。当压力为 5.0MPa 时，定压比热容不再随温度增加而产生剧烈变化。由图 5-7(b)可知，当压力为 15.0MPa 时，低温氮密度随温度增加而缓慢下降，流体在状态上无明显类气态与类液态分界。定压比热容、密度等参数的剧烈变化往往会导致一些特殊的传热规律。因此，当流体压力超过 30MPa 时，超临界氮热物理性质随温度变化缓慢，此时流体与管柱之间的对流换热也相对稳定。对于压力超过 30MPa 时液氮/超临界氮与管柱之间的对流换热规律，应与实验参数范围内的换热规律一致。因此，实验结果所得液氮在圆管内的对流换热规律可代表大部分压裂工况下液氮与管柱之间的对流换热规律。

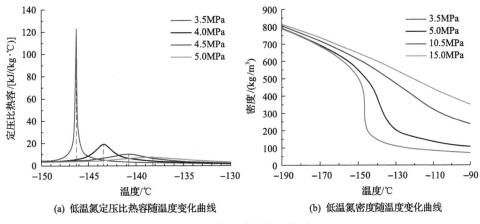

(a) 低温氮定压比热容随温度变化曲线　　(b) 低温氮密度随温度变化曲线

图 5-7　氮部分热物理性质

2. 压裂工况下液氮对流换热规律

图 5-8(a)和(b)为相同壁面热流密度，两种质量流量下 15 支热电偶所测的管外壁温度。整体上说，沿流体流动方向，管外壁温度变化平缓，未出现局部温度过高或过低现象。随着预热功率的增加，管内流体温度逐渐升高。由于流体与管柱之间未发生换热强化或换热恶化现象，所测的管外壁温度与管内流体温度变化规律一致，随预热功率的增加而单调上升。对比图 5-8(a)与(b)可以发现，当 0<预热功率≤40kW 时，质量流量越高，管内入口流体温度越低，管外壁温度也越低，但当预热功率大于 40kW 时，随着质量流量的增大，管外壁温度变化不大。

图 5-8(c)、(d)为基于式(5-2)～式(5-6)计算所得沿程 Nu 分布。由图 5-8(c)和(d)可知，Nu 与管外壁温度分布规律一致，说明该条件下流体与管柱之间换热稳定，换热强度未随沿程流体温度变化而发生剧烈变化。相比之下，质量流量越高，

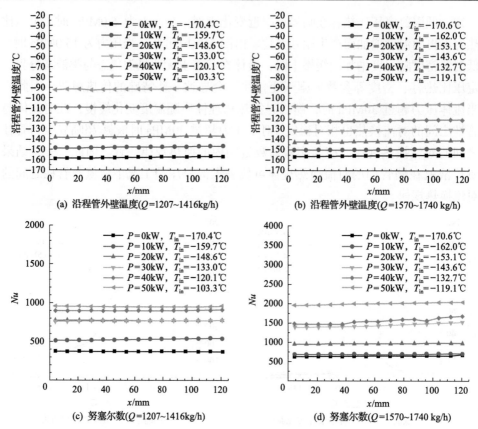

图 5-8　不同质量流量沿程管外壁温度与 Nu

P-预热功率；T_{in}-入口流体温度

Nu 越高，换热越快。在 50kW 的预热功率下，当质量流量由 1207kg/h 增加至 1570kg/h 时，局部 Nu 增加近一倍。说明质量流量对换热存在显著影响，在液氮压裂过程中，提高注入排量有助于增加流体与管柱之间的换热速率，提高液氮压裂初期管柱预冷效率。同时，增加压裂工质注入排量也是提高低温工质与岩石之间的换热速率、增强压裂效果的有效途径之一。

在图 5-8(c)和(d)中还出现了一个较特殊的现象：当图 5-8(c)中预热功率为 20kW 和 30kW、图 5-8(d)中预热功率为 30kW 和 40kW 时，局部 Nu 接近。虽然流体温度和雷诺数(Re)随预热功率提高而增加，但换热速率并没有因此而增加。主要原因是在该压力条件下，流体赝临界温度处于–140～–130℃。在此温度范围内，流体密度、热容等参数不随流体温度单调变化，因而出现流体 Re 增加但换热速率基本保持不变的现象。

在保持系统质量流量基本不变的情况下，可通过调节直流电源增加热流密度。在实际工况中，壁面热流密度对应着流体与管柱之间的温差，温差越大，局部换热热流密度也就越高。图 5-9 给出了相同质量流量、不同入口流体温度、四种不同外壁面热流密度和预热功率条件下所测的沿程局部 Nu。整体上看，Nu 分布遵循前述规律，在相同壁面热流密度条件下，预热功率越高，流体温度越高，Nu 也相应越大。由图 5-9 中曲线可知，Nu 沿流体流动方向缓慢增加，说明流体与管柱之间的换热相对稳定。在壁面施加均匀热流密度条件下，沿流动方向管内流体温度将逐渐升高，流体吸热膨胀后 Re 小幅增加而导致换热强化。但由于质量流量较高，外壁面热流密度所能提供的加热功率并不能使流体温度大幅上升，因此 Nu 沿流体流动方向仅出现小幅上升。

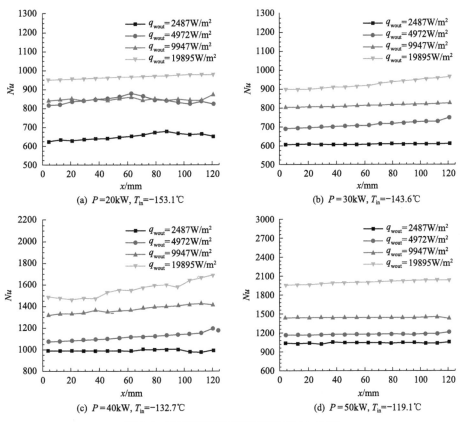

图 5-9 不同壁面热流密度下沿程 Nu 分布

热流密度对换热强度的影响在四种入口流体温度下呈现一致的规律。随外壁面热流密度增加，Nu 均出现大幅上升。Jiang 等[9]和 Zhang 等[10]在研究超临界氮及超临界二氧化碳在圆管内的对流换热规律时，也发现了类似的实验现象。说明在部分工况下，如液氮压裂工况，可压缩性超临界流体在圆管内流动换热随外壁面热流密度增加而增强。在低温液氮注入初期，管柱与流体之间温差较大，此时换热速率快,有助于压裂管柱快速冷却。而到了压裂后期,管柱温度已经降低至一定程度,管柱与流体之间温差小,冷却效率也随之降低。

在相同质量流量、不同壁面热流密度下,Nu 随流体温度变化规律如图 5-10 所示。随着流体温度增加,Nu 单调上升,说明相同注入排量下,流体吸热后温度升高,其与管柱之间的换热效率将增加。产生这种现象的主要原因是温度升高造成流体热物性发生变化。液氮密度降低将导致 Re 升高、黏度降低,使液氮与管柱之间的换热强化。

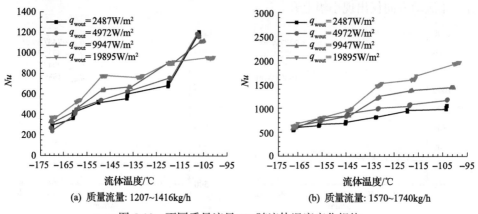

(a) 质量流量: 1207~1416kg/h   (b) 质量流量: 1570~1740kg/h

图 5-10　不同质量流量 Nu 随流体温度变化规律

换热效率并不等同于换热速率,当流体温度升高后,流体与管柱之间的温差也相应降低。据式(5-5)可知,单位时间单位面积传递的热量与管柱对流换热系数 h_x 及流体与管柱之间的温差成正比。因此,虽然 Nu 随流体温度升高而单调上升,但流体与管柱之间的绝对换热速率会随温差降低而大幅下降。

对比图 5-11(a)和(b)可知,在相近的质量流量下,流体所处压力越高,Nu 也

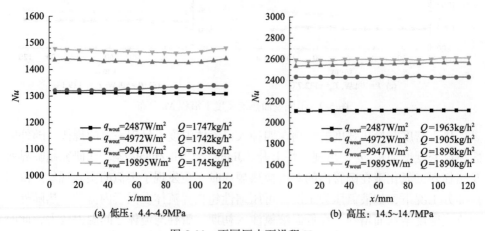

(a) 低压: 4.4~4.9MPa   (b) 高压: 14.5~14.7MPa

图 5-11　不同压力下沿程 Nu

越高。可能的原因是压力越高，流体密度越高，密度与定压比热容的增加可有效提高流体与管柱之间的换热效率。说明在压裂初期，提高压裂管柱内压力有助于提高管柱预冷效率，尽快将低温液氮输送至井底。但在"油套同注"压裂模式下，环空流体也处于高压状态，这将大幅提高环空流体与压裂管柱及套管内壁之间的换热速率。因此，在压裂管柱成功完成预冷之后，套管有可能源源不断地向压裂管柱提供热量，使管柱内流体温度上升，甚至导致液氮运移至井底后温度过高而达不到预期的冷冲击致裂效果。

在流体流动传热规律相关研究中，在某些特定条件下往往会涉及浮升力作用及热加速现象对流动换热的影响。为甄别在液氮压裂工况下，浮升力及热加速作用是否对压裂管柱内流体流动换热产生显著影响，对实验参数展开相关讨论。

浮升力作用表现为近壁面处流体介质密度低于内部流体密度而引起浮升现象。浮升力系数 B_o 可用于评价浮升力作用对换热强度的影响程度[11]，其具体计算公式为

$$B_o = Gr \,/\, (Re^{3.425} Pr^{0.8}) \tag{5-7}$$

式中，Gr 为格拉晓夫数；Pr 为普朗特数。

当 $B_o > 5.6 \times 10^{-7}$ 时，浮升力对换热的影响不可忽略[11,12]。经计算，本实验条件下 $B_o < 10^{-21}$，远小于浮升力影响换热起始值，因此忽略浮升力对换热强度的影响。流体受热后产生的膨胀加速作用对换热强度的影响可采用加速因子 K_v 进行评价[13]，其具体形式如下：

$$K_v = \frac{4qd}{Re^2 \mu C_f T} \tag{5-8}$$

式中，K_v 为加速因子；μ 为流体黏度，mPa·s；C_f 为流体压缩系数。当 $K_v > 3 \times 10^{-6}$ 时，热加速运动可导致湍流层流化而引起换热恶化；当 $K_v \leqslant 3 \times 10^{-6}$ 时，流体保持湍流流动，热加速作用对换热强度的影响可忽略[13]。经计算，本实验条件下 $K_v < 10^{-9}$，因此热加速作用对换热强度的影响亦可忽略。

三、液氮对流换热度预测准则式

目前，针对液氮/超临界氮在圆管内对流换热规律所开展的研究中工质所处压力和排量较低，且管径较小，与实际液氮压裂工况下流体流动传热状态存在较大差异。而当前有大量国内外学者对高压状态下超临界流体对流换热规律展开研究并提出换热强度预测准则式。在分析已有准则式对实验结果的预测误差之前，有必要对比相关流体物性和研究工况，选择合理的准则式。

1. 前人准则式误差

Dittus-Boelter 准则式(D-B 公式)[14]为经典换热预测准则式，大部分换热公式基于 D-B 公式修正拟合得到。D-B 公式假定流体热物理性质恒定，适用于 $Re >$ 10000 的流动传热过程。式(5-9)为 D-B 公式的具体形式，当流体升温时常数 n 取值 0.4，冷却时 n 取 0.3。

$$Nu = 0.023 Re^{0.8} Pr^n \tag{5-9}$$

Liao 和 Zhao[15]研究了超临界二氧化碳在圆管内的流动传热规律，并基于实验数据，得到了以下换热公式：

$$Nu = 0.643 Re_b^{0.8} Pr_b^{0.4} \left(\frac{Gr_m}{Re_b^{2.7}} \right)^{0.186} \left(\frac{\rho_w}{\rho_b} \right)^{2.154} \left(\frac{\overline{C_p}}{C_b} \right)^{0.751} \tag{5-10}$$

$$Gr_m = \frac{(\rho_b - \rho_m)\rho_b g d^3}{\mu_b^2} \tag{5-11}$$

$$\rho_m = \frac{1}{T_w - T_b} \int_{T_b}^{T_w} \rho \, dT \tag{5-12}$$

$$\overline{C_p} = \frac{H_w - H_b}{T_w - T_b} \tag{5-13}$$

式中，$\overline{C_p}$ 为近壁面流体的定压比热容，J/(kg·℃)；ρ 为流体密度，g/cm³；C 为流体比热容，J/(kg·℃)；μ 为流体黏度，mPa·s；T 为流体温度，℃；H 为流体焓值，J/kg；下标 w 为近壁面参数值；下标 b 为管道截面平均值；下标 m 为整体平均值。

Petukhov[16]总结了大量超临界二氧化碳在圆管内对流换热的实验数据，得到了 Petukhov-Popov-Kirilov 公式。该公式适用于流体物性变化相对较平缓的传热过程：

$$Nu_0 = \frac{\xi/8 \, RePr}{12.7\sqrt{\xi/8}(Pr^{2/3} - 1) + 1.07} \tag{5-14}$$

$$\xi = (0.79 \ln Re - 1.64)^{-2} \tag{5-15}$$

式中，Nu_0 为超临界条件下二氧化碳的努塞尔数。

为使公式更具有普遍意义，Petukhov[16]利用更多其他流体的实验数据对式(5-14)进行了修正，考虑了近壁面流体动力黏度、导热系数及定压比热容等物性变化对换热的影响，可预估高壁面热流密度下管内流体对流换热规律。

$$Nu_b = Nu_0 \left(\frac{\mu_b}{\mu_w} \right)^{0.11} \left(\frac{k_b}{k_w} \right)^{-0.33} \left(\frac{\overline{C_p}}{C_b} \right)^{0.35} \tag{5-16}$$

式中，k 为导热系数，$W/(m \cdot K)$。

表 5-3 统计了所选四项准则式对实验结果的预测精度，表中数据表示实验点落入相应误差范围的百分比。

表 5-3　准则式对实验结果的预测精度　　　　　　　　　（单位：%）

准则式	误差范围				
	<10%	<20%	<30%	<40%	<50%
D-B 公式[14]	42.34	65.76	80.54	89.37	92.92
Liao 和 Zhao 公式[15]	13.43	35.44	57.91	77.44	88.65
Petukhov-Popov-Kirilov 公式[16]	32.59	61.59	77.24	86.61	92.12
Petukhov 公式[16]	34.56	62.10	77.31	87.97	92.52

整体上看，经典 D-B 公式对实验结果的预测效果最好，在 42.34%数据点处预测误差小于 10%。Liao 和 Zhao 公式的预测效果最差，仅在 57.91%数据点处预测误差低于 30%。在绝大多数实验参数组合或实验点，准则式预测误差低于 20%或低于 30%，则该准则式可应用于所研究工况流动传热强度计算。由表 5-3 中的数据可知，四项准则式计算误差均不满足要求，在应用准则式预测压裂工况下液氮在圆管内的换热强度时，需要对已有公式进行修正或提出新的换热强度预测准则式。

图 5-12 为公式预测 Nu 与实验所得 Nu 的分布特征。由图 5-12（a）可知，D-B 公式趋于高估换热强度。D-B 公式高估换热强度可能的原因是该公式基于恒定物性导出，未考虑层流底层流体物性对换热强度的影响。当管柱壁面热流密度较高时，近壁面液氮密度、比热容等参数可随温度变化产生较大波动。流体密度、比热容减小时，流体携带热量的能力也就降低，可导致流体与壁面的换热强度下降。因此，大部分 D-B 公式预测的 Nu 要高于实验所测得 Nu。而 Liao 和 Zhao 公式趋于低估，实验测得的数据点大部分高于 Liao 和 Zhao 公式的预测值。Liao 和 Zhao 公式基于超临界二氧化碳在竖直圆管内的对流换热过程而提出。该公式主要考虑了加热作用导致近壁面流体密度下降，从而影响流体与壁面换热的现象。当流体在竖直管内向下流动时，密度差异形成的浮升力与流体流动方向相反，因而对换热有削弱作用。由于本实验条件下 $Re > 2 \times 10^5$，且液氮黏度低，层流底层较薄，浮

升力对换热强度的影响几乎可以忽略, 并不会削弱流体与壁面之间的换热。因此, 实验测得大部分 Nu 要高于 Liao 和 Zhao 公式的预测值。

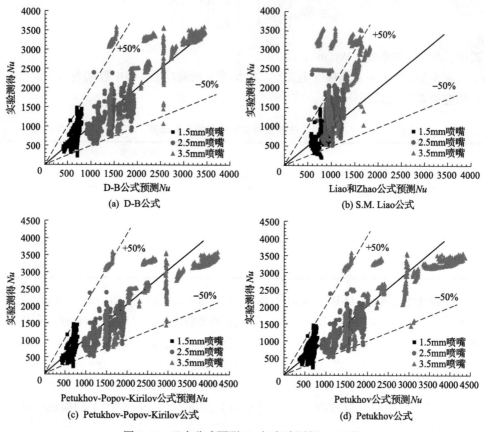

图 5-12 已有公式预测 Nu 与实验测得 Nu 比较

Petukhov-Popov-Kirilov 公式与 Petukhov 公式所预测结果整体上具有相似的规律。由表 5-3 可知, Petukhov 公式预测精度要高于 Petukhov-Popov-Kirilov 公式, 说明壁面热流密度引起的近壁面流体物性变化对换热结果存在影响, 对公式进行修正时应考虑整体和局部物性差异对换热造成的影响。

2. 压裂工况液氮换热强度预测公式修正

采用 π 定理对影响对流换热系数的各参数进行量纲分析。

$$h = f(d, k, \mu, \rho, C, v) \tag{5-17}$$

式 (5-17) 中各参数的基本量纲见表 5-4 (质量 M, 长度 L, 时间 T, 温度 K)。

表 5-4　各参数基本量纲

符号	名称	单位	基本量纲
h	对流换热系数	W/(m^2·℃)	$MT^{-3}K^{-1}$
d	管内径	m	L
k	导热系数	W/(m·℃)	$MLT^{-3}K^{-1}$
μ	流体黏度	Pa·s	$ML^{-1}T^{-3}$
ρ	流体密度	kg/m^3	ML^{-3}
C	流体比热容	J/(kg·℃)	$L^2T^{-2}K^{-1}$
v	速度	m/s	LT^{-1}

由表 5-4 可知,共有 7 个独立参数,4 个基本量纲,可以推导出 3 个无量纲数:

$$\Pi_1 = \frac{\rho vd}{\mu} = Re \tag{5-18}$$

$$\Pi_2 = \frac{hd}{k} = Nu \tag{5-19}$$

$$\Pi_3 = \frac{\mu C}{k} = Pr \tag{5-20}$$

换热强度预测公式可表达为以下基本形式:

$$Nu = n_1 Re^{n_2} Pr^{n_3} \tag{5-21}$$

式中,n_1、n_2、n_3 为三个待定自由参数。

式(5-21)所体现的基本形式与 D-B 经典预测公式形式一致,而采用该式的前提是假定管内流体物理性质恒定。考虑到流体受热时,近壁面处流体温度与流体平均温度差异较大,为体现温度差异对换热强度的影响,引入 4 个与流体性质相关的无量纲参量,表征近壁面流体温度与平均温度差异对换热强度的影响:

$$\Pi_4 = \frac{\rho_w}{\rho_b} \tag{5-22}$$

$$\Pi_5 = \frac{C_w}{C_b} \tag{5-23}$$

$$\Pi_6 = \frac{\mu_w}{\mu_b} \tag{5-24}$$

$$\Pi_7 = \frac{k_w}{k_b} \tag{5-25}$$

式中，ρ 为流体密度，g/cm³；C 为流体比热容，J/(kg·℃)；μ 为流体黏度，mPa·s；k 为流体导热系数，W/(m·℃)；下标 w 为近壁面处参数值；下标 b 为管道截面平均值。

因此，可导出压裂工况下，液氮在圆管内换热强度预测公式的基本形式：

$$Nu = n_1 Re^{n_2} Pr^{n_3} \left(\frac{\rho_w}{\rho_b}\right)^{n_4} \left(\frac{C_w}{C_b}\right)^{n_5} \left(\frac{\mu_w}{\mu_b}\right)^{n_6} \left(\frac{k_w}{k_b}\right)^{n_7} \tag{5-26}$$

式中，$n_1 \sim n_7$ 为七个待定自由参数。

式(5-26)共含有 7 个自由参数，可反映层流底层温度与平均温度差异对换热强度的影响。通过比较各自由参数对努塞尔数的影响规律亦可得到不同参数对换热强度的影响程度。依据实验结果，采用最小二乘法对自由参数进行回归拟合，得到以下预测公式：

$$Nu = 0.0194 Re^{0.796} Pr^{0.645} \left(\frac{\rho_w}{\rho_b}\right)^{0.143} \left(\frac{C_w}{C_b}\right)^{0.162} \left(\frac{\mu_w}{\mu_b}\right)^{0.062} \left(\frac{k_w}{k_b}\right)^{-0.57} \tag{5-27}$$

由式(5-27)可知，影响液氮/超临界氮在圆管内对流换热强度的主要因素：湍流流动状态(Re)、温度边界层与流动边界层的关系(Pr)及近壁面底层流体受热产生的物性波动。与 D-B 公式相比，式(5-27)中 Pr 项的指数有所增加，说明高压状态下，近壁面温度底层与流动黏性底层的相互作用关系对换热的影响程度更高。

表 5-5 和图 5-13 展示了新准则式对实验结果的预测精度。对比其他公式预测结果可知，新准则式对压裂工况下液氮在圆管内对流换热强度预测精度明显提高。近 95%的数据点落在 30%误差限内，说明新准则式可在大部分工况下将预测误差控制在 30%以内，可满足工程计算需要。

表 5-5　新准则式对实验结果的预测精度　　　　　　　　(单位：%)

参数	误差范围				
	<10%	<20%	<30%	<40%	<50%
新准则式	65.74	87.35	94.29	97.91	99.50

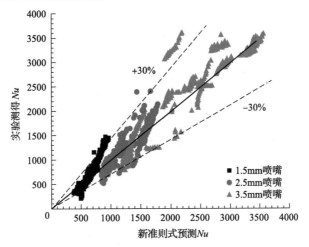

图 5-13　新准则式预测 Nu 与实验测得 Nu 比较

第二节　液氮压裂井筒换热规律

一、井筒温度分布计算模型

图 5-14 为"油套同注"压裂模式下，井内流体流动及与地层换热的物理模型示意图。为尽可能简化数学模型，做出以下假设：①压裂管柱内流体及环空流体沿井眼轴线方向一维流动；②压裂管柱及环空注入排量恒定不变；③管壁内仅考虑径向传热；④忽略流体流动摩擦生热；⑤压裂过程中，井底出口压力保持稳定；⑥开始压裂之前，井内充满氮气并处于温度和压力平衡状态；⑦不考虑水泥环与地层导热系数差异对井筒内传热速率所带来的影响。

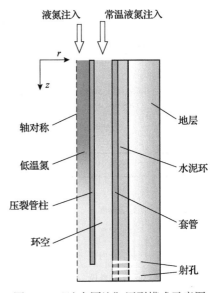

图 5-14　"油套同注"压裂模式示意图

流体域湍流流场控制方程：

$$\rho(\boldsymbol{u}\nabla)\boldsymbol{u} = \nabla\big[-p\boldsymbol{I} + \boldsymbol{K}\big] + \boldsymbol{F} \qquad (5\text{-}28)$$

$$\nabla(\rho\boldsymbol{u}) = 0 \qquad (5\text{-}29)$$

$$K=(\mu+\mu_{\mathrm{T}})\left[\nabla \boldsymbol{u}+(\nabla \boldsymbol{u})^{\mathrm{T}}\right]-\frac{2}{3}(\mu+\mu_{\mathrm{T}})(\nabla \boldsymbol{u})\boldsymbol{I}-\frac{2}{3}\rho k_{\mathrm{s}}\boldsymbol{I} \tag{5-30}$$

$$\rho(\boldsymbol{u}\nabla)k_{\mathrm{s}}=\nabla\left[\left(\mu+\frac{\mu_{\mathrm{T}}}{\sigma_{\mathrm{k}}}\right)\nabla k_{\mathrm{s}}\right]+P_{\mathrm{k}}-\rho\varepsilon \tag{5-31}$$

$$\rho(\boldsymbol{u}\nabla)\varepsilon=\nabla\left[\left(\mu+\frac{\mu_{\mathrm{T}}}{\sigma_{\mathrm{k}}}\right)\nabla\varepsilon\right]+C_{\varepsilon 1}\frac{\varepsilon}{k_{\mathrm{s}}}P_{\mathrm{k}}-C_{\varepsilon 2}\rho\frac{\varepsilon^{2}}{k_{\mathrm{s}}} \tag{5-32}$$

$$\mu_{\mathrm{T}}=\rho C_{\mu}\frac{k_{\mathrm{s}}^{2}}{\varepsilon} \tag{5-33}$$

$$P_{\mathrm{k}}=\mu_{\mathrm{T}}\left\{\nabla \boldsymbol{u}:\left[\nabla \boldsymbol{u}+(\nabla \boldsymbol{u})^{\mathrm{T}}\right]-\frac{2}{3}(\nabla \boldsymbol{u})^{2}\right\}-\frac{2}{3}\rho k_{\mathrm{s}}\nabla \boldsymbol{u} \tag{5-34}$$

式中，$\boldsymbol{u}$ 为速度矢量；$\boldsymbol{I}$ 为湍流强度；$\boldsymbol{K}$ 为雷诺应力矢量；$\boldsymbol{F}$ 为微元体上的体力；μ 为流体黏度；μ_{T} 为流体涡黏性系数；P_{k} 为速度梯度产生的湍动能项；k_{s} 为湍动能；ε 为湍动能耗率；σ_{k}、$C_{\varepsilon 1}$、$C_{\varepsilon 2}$、C_{μ} 为湍流模型常数。

计算域内传热方程：

$$\rho C_{p}\boldsymbol{u}\nabla T+\nabla \boldsymbol{q}=Q_{\mathrm{s}} \tag{5-35}$$

$$\boldsymbol{q}=-\boldsymbol{K}\nabla T \tag{5-36}$$

式中，Q_{s} 为导热量，$\mathrm{W/m^{3}}$；C_{p} 为定压比热容；$\boldsymbol{q}$ 为热流密度矢量；T 为流体温度。

模型验证采用文献[17]中公布的页岩地层现场实施液氮压裂施工所用泵注参数及相关地层参数，具体参数值见表 5-6。

表 5-6   模型验证参数

参数	单位	值
井深	m	1000
地表温度	℃	15
地温梯度	℃/100m	3
压裂管柱内径	mm	50.64
压裂管柱外径	mm	60.30
套管内径	mm	101.60
套管外径	mm	114.30
液氮注入排量	m³/min	1.6

参数	单位	值
液氮注入温度	℃	−183.15
环空注入排量	m³/min	0.7
环空注入温度	℃	15
井底出口压力	MPa	15
管柱密度	kg/m³	7850
管柱导热系数	W/(m·℃)	44.5
管柱比热容	J/(kg·℃)	475
地层密度	kg/m³	2600
地层导热系数	W/(m·℃)	2.09
地层比热容	J/(kg·℃)	850

二、井底流体温度与换热规律

利用压裂管柱将超低温液氮由井口安全、高效输送至井底并保持低温状态是实现热应力辅助致裂，提高压裂效果的前提。与常规水基或油基压裂液有所不同，超低温液氮本身的低温特性及可压缩性使压裂工质在井筒内的输送过程更为复杂。

首先，超低温液氮与压裂管柱之间存在较大温差，而数千米管柱本身热容所含热量将对液氮注入前期工质温度产生直接影响。因此，注入的工质将首先以超临界态(高压且温度与储层温度接近，此时的压裂效果类似于高压氮气压裂)到达井底。随着压裂管柱逐渐冷却，压裂工质与管柱之间的温差降低，换热速度下降。

图 5-15 为液氮压裂 2h 过程中(井深 1000m)，井底流体温度变化曲线，也是"油套同注"压裂模式下，井底流体温度随泵注时间变化规律的特征曲线。由图 5-15 可知，在前 120s 时间内，井底流体温度由储层温度降低至 30.0℃，温度变化速度较为缓慢。由于计算模型出口为恒定压力边界，此过程可视为液氮压裂井筒内流体由静态变为动态流动状态的压力建立过程，即受流动摩阻、热膨胀效应等因素影响，井内流体流动压力分布将进入动态变化。此后，井底流体温度迅速降低。该过程中液氮与压裂管柱之间温差大，换热快，加上流体吸热后体积膨胀，冷流体迅速向井底推进。注入 10min 后，井底流体温度达到−63.7℃。而随着低温液氮的持续注入，流体与压裂管柱之间的温差逐渐降低，压裂管柱的冷却速率也降低。因此，液氮注入时间越长，井底流体温度降低速率越慢。在本计算条件下，液氮注入 2h 后，井底流体温度仅降低至−127.0℃。由此可知，液氮压裂现场施工

所采用的"油套同注"压裂模式并不能高效地将超低温液氮输送至井底并保持低温状态。而现场施工单次泵注时间往往低于 10min，即井底流体温度最终仅降低至−60～−70℃。该条件可形成的压裂范围及冷冲击致裂效果都极为有限。若考虑流体在井底与环空流体的混合、与套管及近井岩石的换热作用，则整个液氮压裂施工效果将与气体压裂类似，并不能有效形成冷冲击致裂效果。这或许是现场液氮压裂施工未获得理想增产效果的主要原因。

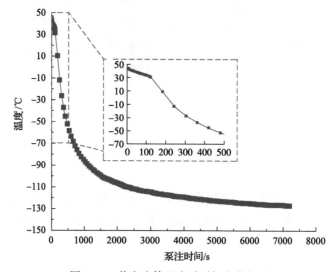

图 5-15　井底流体温度随时间变化规律

由上述分析可知，超低温液氮在井筒内输送过程中，其温度主要受两个因素影响：①数千米压裂管柱本身热容所含热量；②由环空流体在压裂管柱外表面形成的对流换热作用。相比于这两部分传热，由套管内壁面向油管外壁面辐射传热可忽略不计。因此要实现液氮压裂过程中超低温液氮在井筒内的高效输送，需要解决这两个影响井底流体温度的关键因素。

超低温液氮由压裂管柱注入井筒后，首先与压裂管柱接触并完成换热。因此，要将超低温液氮输送至井底并保持低温状态，首先需要将压裂管柱冷却至一定温度。由本章计算结果可知，超低温液氮注入井筒后，压裂管柱的冷却效率并不高。其主要原因是：①液氮吸热后温度升高，导致流体与压裂管柱之间的温差降低，因此下部管柱的预冷效率要低于上部管柱；②随着压裂管柱温度不断降低，流体与管柱间的温差也不断下降，因此管柱冷却效率下降。

提高压裂管柱冷却效率的方式主要有两种：①增加流体与管壁的对流换热系数；②提高流体与管柱之间的温差。对于液氮压裂施工而言，通过改造压裂管柱内壁形态、表面润湿性等方式增加管壁处对流换热系数的方式难以实现。因此，只能选择提高流体与管柱之间的温差，即增加注入液氮的过冷程度，或通过降低压力的方式降低流体沸点，以提高压裂管柱冷却效率。

环空隔热效果差、流体与压裂管柱外壁面对流换热系数过高是导致套管温度过低，压裂后期井底流体温度无法达到低温状态的主要原因。若利用封隔器封隔上部井段，在压裂过程中敞开环空，可大幅提高环空隔热效率，既可解决套管及水泥环低温损伤问题又可保证低温液氮的输送效率。

第三节　液氮压裂施工模式

一、液氮压裂泵注程序

本节提出了"管柱预冷+局部封隔压裂"的液氮压裂新模式。新压裂模式所采用的压裂工具组合包含(由下往上)：耐低温压裂桥塞、滑套与喷射压裂工具、锚定卡瓦、封隔器。

为尽可能提高压裂管柱的预冷效果，新压裂模式首先通过反循环顶替井筒内液体，即向环空内充注常温高压氮气，将井内积液由压裂管柱顶替至地面，以降低井筒内流体热容(水的定压比热容高于氮气)，从而降低后续压裂管柱预冷施工效率及液氮用量。另外，当井内有水时，往井内注入超低温液氮容易造成积水结冰，冻结管柱、堵塞流体流动通道，从而引发井下复杂事故。顶替积液有助于降低施工风险，提高液氮压裂施工的安全性和可靠性。

将井内积液顶替干净后，利用耐低温压裂桥塞正向封堵压裂管柱底部出口，在正式进行液氮压裂之前，利用超低温液氮对压裂管柱进行预冷。在整个预冷过程中打开井口，在压裂管柱内可形成类似于池沸腾的快速换热状态。此时，全井段压裂管柱与流体温差大，可大幅提高压裂管柱预冷速率，同时节约冷却压裂管柱所需液氮用量。当压裂管柱预冷完成后(压裂管柱内充满液氮，此时井内液氮液面到达井口附近)，向井内投球，利用高压液氮泵向压裂管柱内泵入高压液氮，球入座后推动滑套剪断限位销钉，连通环空和压裂管柱，从而对由下部耐低温压裂桥塞和上部封隔器所封隔的局部层位进行定点液氮压裂，此方式可大幅提高液氮压裂效率，增强低温液氮冷冲击致裂效果。"管柱预冷+局部封隔压裂"具体施工流程示意图见图 5-16。

具体施工流程如下。

(1)待压裂层位射孔，刮井，循环洗井。

(2)连接压裂工具组合，利用普通油管或玻璃纤维管将工具组合下入指定位置。

(3)向环空泵入高压氮气，将井内积液经由压裂管柱顶替至地面，顶替结束后关闭环空。

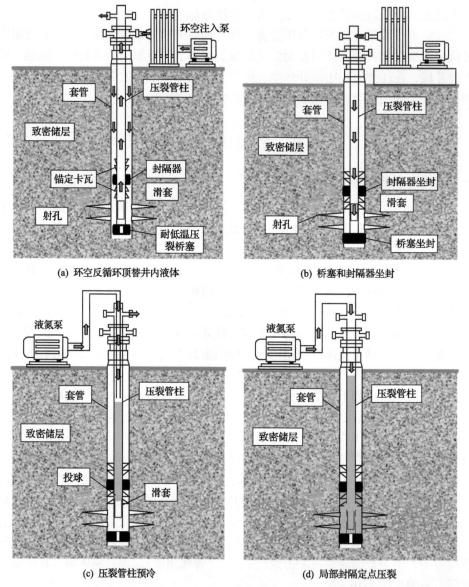

(a) 环空反循环顶替井内液体

(b) 桥塞和封隔器坐封

(c) 压裂管柱预冷

(d) 局部封隔定点压裂

图 5-16 "管柱预冷+局部封隔压裂"施工流程示意图

(4)向压裂管柱内注入高压氮气，底部压裂桥塞单向阀封堵流体流动通道后，压裂管柱内压力逐渐升高，当压力达到上部封隔器启动压力时，封隔器坐封，同时启动锚定卡瓦锚定管柱。

(5)继续注入高压氮气，触发底部压裂桥塞坐封。当井口注入压力出现明显下降时，说明压裂桥塞完成坐封。

(6)打开套管放喷阀门，缓慢卸压。环空卸压后若压裂管柱内压力未随环空压力快速下降，说明环空与压裂管柱内空间未连通，封隔器封隔效果较好。

(7)打开压裂管柱放喷阀门，释放压裂管柱内压力后，敞开井口。

(8)压裂管柱内投球。

(9)在压裂管柱内下入微管(连续油管或小尺寸油管)至一定深度(下入深度>100m)，利用微管向管内持续注入超低温液氮，直至压裂管柱完成预冷。

(10)起出微管，井口接高压液氮泵。

(11)持续缓慢泵注高压液氮，推动滑套向前移动，当井口泵注压力突然下降时，说明滑套剪断限位销钉，此时由封隔器和压裂桥塞所封隔环空井段与压裂管柱连通。

(12)逐渐提高液氮泵注排量，对射孔层段实施液氮压裂。

(13)完成液氮注入后，换接高压氮气泵向井内注入常温氮气，顶替井内液氮，同时加热压裂管柱。

(14)顶替完成后，关井憋压。

(15)打开放喷阀门，缓慢卸压。

(16)上提压裂管柱，封隔器解封，解除锚定卡瓦的锚定。

(17)起出压裂管柱。

(18)重复上述步骤，直至所有层位完成压裂。

(19)一趟钻磨铣压裂桥塞，循环洗井，完成整套压裂工序。

液氮压裂技术主要利用液氮超低温特性在储层中形成热应力，辅助压裂储层。因此，将超低温液氮由井口输送至井底并保持其低温状态是液氮压裂技术需要解决的首要问题，而影响低温液氮输送的最主要因素是压裂管柱本身热容所含热量。

上述压裂流程针对液氮压裂过程中井筒内流体与管柱之间的传热特性，将压裂管柱预冷与储层压裂分开，主要具有以下优势。

(1)液氮临界压力为3.4MPa，压裂过程中井内压力往往高于临界压力。因此，液氮在压裂管柱内运移过程中，与压裂管柱换热后并不会汽化，而是进入超临界状态。随着运移距离的增加，超临界氮温度不断上升，流体与管柱之间的温差也越来越小，因此下部管柱的冷却效率非常低。采用上述压裂泵注程序，在井口敞开的情况下，首先对压裂管柱进行预冷，可提高整个管柱的冷却效率。井内压力低于液氮超临界压力，液氮吸热后汽化由井口排出，可维持井内液氮处于较低温度，高温差下可大幅提高压裂管柱的整体冷却效率，同时降低液氮用量。

(2)液氮吸热后体积迅速膨胀。在压裂管柱未预冷的情况下，向井内大排量注入液氮，吸热膨胀作用将使得井口注入压力过高。而在压裂管柱完成预冷并充满低温液氮的情况下，大排量注入液氮进行压裂，井内压力可迅速升高，且井口注入压力不会由于沿程摩阻过高而超过井口安全压力。

(3)环空容积较大，采用压裂管柱内注液氮、环空注常温氮气的压裂模式，井内难以迅速建立压力，且容易造成液氮浪费。利用封隔器和压裂桥塞封隔部分环空井段，进行定点压裂，可有效降低低温液氮填充容积，从而有效提高压裂效率。

(4)按照常规压裂程序，井底流体温度降低缓慢。此过程中储层部分岩体也缓慢冷却，造成正式压裂过程中压裂工质与储层岩石温差较低，直接影响着热应力致裂效果。采用新的液氮压裂泵注程序，可在压裂管柱预冷之后，将超低温液氮泵入储层，保证瞬间冷冲击致裂效果，降低深部硬岩的压裂难度。

二、管柱预冷液氮损耗量计算

如图 5-17 所示，压裂管柱预冷施工通过微管向井内注入低温液氮，与压裂管柱完成换热。液氮吸热后汽化，直接从井口排出。影响预冷液氮损耗量的因素主要有压裂管柱本身热容及周围环境对压裂管柱的传热。其中，周围环境传热包括地面管线输入热量、环空流体自然对流传热、套管向压裂管柱辐射传热、封隔器接触热传导、压裂工具本身热容所含热量。

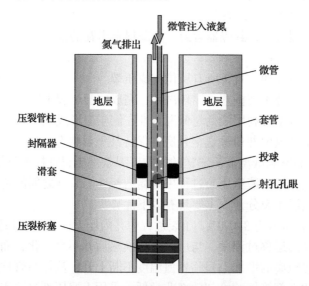

图 5-17　压裂管柱预冷传热示意图

为简化压裂管柱预冷液氮损耗量计算，采用以下基本假设。

(1)假设压裂管柱预冷速率较快，忽略环空流体自然对流传热和套管向压裂管柱辐射传热对液氮损耗量的影响。

(2)封隔器胶筒导热系数低于管柱，且接触面积较小，忽略封隔器接触热传导对液氮损耗量的影响。

(3)相比于整个压裂管柱质量，投球及滑套本身热容所含热量忽略不计。

(4)液氮注入温度恒定,为-196℃。

(5)从井口排出的为纯氮气,且井口排出温度为15℃。

(6)投球与球座密封良好,无液氮渗漏。

(7)受反循环顶替积液影响,假设压裂管柱温度为30℃。

(8)压裂管柱完全冷却后,温度降低至-196℃。

压裂管柱预冷过程中,主要克服压裂工具本身热容所含热量。在注入参数恒定、氮气排出温度恒定的条件下,压裂管柱预冷液氮损耗量可由式(5-37)估算:

$$M = -\frac{C_s L m_1 (T_0 - T_{cool})}{H_{p,LN_2} - H_{p,GN_2}} \tag{5-37}$$

式中,C_s 为压裂管柱比热容,J/(kg·℃);H_{p,LN_2}、H_{p,GN_2} 分别为液氮和氮气焓值,J/kg;T_0 和 T_{cool} 分别为压裂管柱预冷前、预冷后温度,℃;L 为压裂管柱长度,m;m_1 为压裂管柱线重,kg/m。

表 5-7 为液氮损耗量计算参数。

表 5-7　液氮损耗量计算参数

参数	单位	值
井深	m	1000~6000
液氮注入温度	℃	-196
氮气温度	℃	15
压裂管柱温度	℃	30
压裂管柱比热容	J/(kg·℃)	550
液氮焓值	kJ/kg	-122.4
氮气焓值	kJ/kg	85.8
压裂管柱线重(38.100mm)	kg/m	4.09
压裂管柱线重(60.325mm)	kg/m	6.85
压裂管柱线重(73.025mm)	kg/m	12.80
压裂管柱线重(88.900mm)	kg/m	15.20

考虑液氮泵及地面管汇冷却,以及周围环境热量传递对管柱预冷的影响,假设压裂管柱预冷过程中液氮冷能利用率为75%。可计算得到不同井深压裂管柱预冷液氮损耗量。分析后认为,压裂井深和压裂管柱尺寸可能为影响液氮损耗量的重要参数。因此,选取不同井深和不同压裂管柱组合,计算了压裂管柱预冷液氮损耗量,计算结果见图5-18。

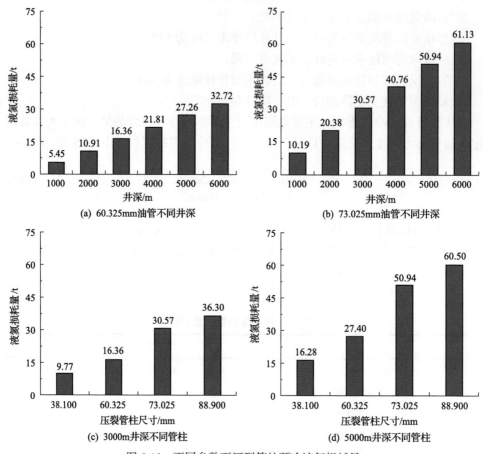

图 5-18　不同参数下压裂管柱预冷液氮损耗量

由图 5-18 可以看出，井深及压裂管柱尺寸选取对压裂管柱预冷液氮损耗量均存在显著影响。由图 5-18(a) 和(b)可知，选取 60.325mm 油管和 73.025mm 油管作为压裂管柱，压裂管柱预冷液氮损耗量随着井深增加呈线性增加。在 6000m 井深中，采用 73.025mm 普通油管作为压裂管柱，仅管柱预冷就需要消耗 61.13t 液氮。因此，在选用液氮压裂技术作为储层增产措施之前，应根据目标层位深度展开可行性和经济性评价。

由图 5-18(c) 和(d)可知，压裂管柱尺寸也直接影响着压裂管柱预冷液氮损耗量。3000m 井深，采用 38.100mm 油管作为压裂管柱，预冷仅需 9.77t 液氮。而采用 88.900mm 油管作为压裂管柱，需要消耗 36.30t 液氮，而 5000m 井深，液氮损耗量更是达到 60.50t。因此，在压裂管柱尺寸选取时，应同时考虑套管尺寸、高排量下沿程摩阻损失及压裂管柱预冷液氮损耗量，这样既能保证井口注入压力低于井口限压，又能最大限度降低液氮损耗量。值得注意的是，本小节计算所得为液氮纯损耗量，即液氮汽化后从井口排出的流体质量。而彻底完成压裂管柱预冷所需泵入井内的液氮总量还应包括压裂管柱内部容积，即液氮需要充满整个压裂管柱。

参 考 文 献

[1] Moga L, Bucur A. Nano insulation materials for application in nZEB[J]. Procedia Manufacturing, 2018, 22: 309-316.

[2] Xie T, He Y L, Hu Z J. Theoretical study on thermal conductivities of silica aerogel composite insulating material[J]. International Journal of Heat and Mass Transfer, 2013, 58(1-2): 540-552.

[3] National Institute of Standards and Technology. NIST Reference Fluid Thermodynamic and Transport Properties Database(REFPROP): Version10[A/OL]. (2021-05-28)[2021-05-28].http://www.nist.gov/srd/nist23.cfm.

[4] 齐守良. 微通道中液氮流动和换热特性研究[D]. 上海: 上海交通大学, 2007.

[5] 黄禹. 微通道内超临界氮的流动与传热特性研究[D]. 上海: 上海交通大学, 2010.

[6] Von Berg R L, Williamson K D, Edeskuty F J. Forced-Convection Heat Transfer to Nitrogen in the Vicinity of the Critical Point[M]. Boston: Springer, 1995: 238-247.

[7] 齐守良, 张鹏, 王如竹, 等. 微通道中液氮的流动沸腾——换热特性分析[J]. 机械工程学报, 2007, 43(10): 20-26.

[8] 齐守良, 张鹏, 王如竹. 微通道中液氮单相流动和换热实验研究[J]. 工程热物理学报, 2007, 28(3): 451-453.

[9] Jiang P X, Xu Y J, Lv J, et al. Experimental investigation of convection heat transfer of CO_2 at super-critical pressures in vertical mini-tubes and in porous media[J]. Applied Thermal Engineering, 2004, 24(8-9): 1255-1270.

[10] Zhang P G, Huang Y, Shen B J, et al. Flow and heat transfer characteristics of supercritical nitrogen in a vertical mini-tube[J]. International Journal of Thermal Sciences, 2011, 50(3): 287-295.

[11] Jackson J, Hall W. Influences of buoyancy on heat transfer to fluids flowing in vertical tubes under turbulent conditions[J]. Turbulent Forced Convection in Channels and Bundles, 1979, 2: 613-640.

[12] Jiang P, Liu B, Zhao C, et al. Convection heat transfer of supercritical pressure carbon dioxide in a vertical micro tube from transition to turbulent flow regime[J]. International Journal of Heat and Mass Transfer, 2013, 56(1-2): 741-749.

[13] McEligot D M, Coon C W, Perkins H C. Relaminarization in tubes[J]. International Journal of Heat and Mass Transfer, 1970, 13(2): 431-433.

[14] Dittus F W, Boelter L M K. Heat transfer in turbulent pipe and channel flow[J]. Engineering, University of California, Berkeley, 1930, 2: 443-461.

[15] Liao S M, Zhao T S. An experimental investigation of convection heat transfer to supercritical carbon dioxide in miniature tubes[J]. International Journal of Heat and Mass Transfer, 2002, 45(25): 5025-5034.

[16] Petukhov B S. An investigation of heat transfer to fluids flowing in pipes under supercritical conditions[C]. Proceedings of the 1961—62 Heat Transfer Conference, London, 1963.

[17] Grundmann S R, Rodvelt G D, Dials G A, et al. Cryogenic nitrogen as a hydraulic fracturing fluid in the devonian shale[C]. SPE Eastern Regional Meeting, Pittsburgh, 1998.

第六章 液氮对生产管柱力学性能的影响

在液氮压裂过程中，管柱的力学特性受液氮低温作用而发生改变。研究液氮低温对管柱力学性能的影响，对于揭示常规生产管柱实施液氮压裂的可行性具有重要意义。本章针对液氮处理前后油气田常用的不同钢级(J55、N80、P110)的油管和套管，开展单轴静力拉伸试验、夏比冲击试验和裂纹尖端张开位移试验研究，对比液氮处理前后试件的抗拉强度、屈服强度、冲击韧性和断裂韧性的变化，重点分析温度、液氮浸入时间和温度循环次数对管柱力学性能的影响规律，为液氮压裂管柱的选型和设计提供依据。

第一节 管材强度变化规律

在工程应用中，拉伸特性是管柱的一个重要性质。拉伸载荷分布于管柱各个部分，若是拉应力超过其强度，则可能发生管柱本体断裂或滑扣的情况。液氮压裂过程中，随着液氮的注入，管柱的温度急剧降低，此时，管柱的拉伸特性发生变化。为了研究液氮低温作用对管柱拉伸特性的影响，选择三种钢级(J55、N80、P110)的油管和套管，用液氮对拉伸试件进行低温处理，通过单轴静力拉伸试验得到处理前后试件的抗拉强度和屈服强度。

一、试验准备

1. 拉伸试件制备

根据《石油天然气工业 油气井套管或油管用钢管》(GB/T 19830—2017)的规定，采用线切割方式，从套管和油管上得到相应试验试件。拉伸试件为纵向弧形试件，形状和尺寸按照《金属材料 拉伸试验 第 1 部分：室温试验方法》(GB/T 228.1—2010)的规定加工制作，尺寸图及实物图如图 6-1 和图 6-2 所示。

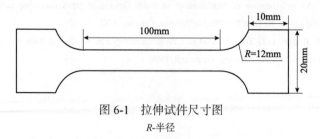

图 6-1 拉伸试件尺寸图

R-半径

图 6-2　拉伸试件实物图

2. 试验设备

单轴静力拉伸试验在 CMT5605 型电子万能试验机上进行，该试验机最大载荷 600kN，试验时加载速度为 2mm/min，试验设备如图 6-3 所示。

图 6-3　CMT5605 型电子万能试验机

二、试验方案

试件准备完毕后，根据《金属材料　拉伸试验　第 1 部分:室温试验方法》(GB/T 228.1—2010)和《金属材料　拉伸试验　第 3 部分：低温试验方法》(GB/T 228.3—2019)的规定进行单轴静力拉伸试验，测得屈服强度、抗拉强度。

为了探究浸入液氮时间与循环次数对不同钢级试件强度的影响规律，设计了如下试验方案。

(1)将试件进行编号，并测量 1 号试件在原始状态下的屈服强度和抗拉强度。

(2)将 2~7 号试件浸入液氮中不同时间后取出，在试验温度(−195.8℃)下测量其强度。

(3)将 8~13 号试件浸入液氮中不同时间后取出，待其恢复至室温(25℃)后进行拉伸试验。

(4)对 14~16 号试件进行不同次数的温度循环处理，待其恢复至室温(25℃)后进行拉伸试验。

每组试验进行 3 次，取其算术平均值作为最终结果。

以 N80 油管和 N80 套管为例，单轴静力拉伸试验方案分别如表 6-1 和表 6-2 所示。

表 6-1　N80 油管单轴静力拉伸试验方案表

编号	研究因素	处理和测量	编号	研究因素	处理和测量
YN1	参考组	0min，常温	YN9	浸入时间	20min，室温
YN2	浸入时间	10min，低温	YN10	浸入时间	30min，室温
YN3	浸入时间	20min，低温	YN11	浸入时间	40min，室温
YN4	浸入时间	30min，低温	YN12	浸入时间	50min，室温
YN5	浸入时间	40min，低温	YN13	浸入时间	60min，室温
YN6	浸入时间	50min，低温	YN14	循环次数	循环 2 次，室温
YN7	浸入时间	60min，低温	YN15	循环次数	循环 3 次，室温
YN8	浸入时间	10min，室温	YN16	循环次数	循环 4 次，室温

表 6-2　N80 套管单轴静力拉伸试验方案表

编号	研究因素	处理和测量	编号	研究因素	处理和测量
TN1	参考组	0min，常温	TN9	浸入时间	20min，室温
TN2	浸入时间	10min，低温	TN10	浸入时间	30min，室温
TN3	浸入时间	20min，低温	TN11	浸入时间	40min，室温
TN4	浸入时间	30min，低温	TN12	浸入时间	50min，室温
TN5	浸入时间	40min，低温	TN13	浸入时间	60min，室温
TN6	浸入时间	50min，低温	TN14	循环次数	循环 2 次，室温
TN7	浸入时间	60min，低温	TN15	循环次数	循环 3 次，室温
TN8	浸入时间	10min，室温	TN16	循环次数	循环 4 次，室温

三、不同条件下管材强度

对经过不同方式处理的试件进行了单轴静力拉伸试验，试验结果如表 6-3～表 6-8 所示。本章所列屈服强度均为下屈服强度。

表 6-3　J55 油管单轴静力拉伸试验结果　　　　　　　（单位：MPa）

编号	屈服强度	抗拉强度	编号	屈服强度	抗拉强度
YJ1	476.16	711.24	YJ12	442.26	675.25
YJ8	455.81	693.67	YJ13	469.23	697.79
YJ9	457.32	695.91	YJ14	475.81	718.10
YJ10	442.73	674.51	YJ15	464.94	708.79
YJ11	454.31	699.28	YJ16	477.87	716.15

表 6-4　N80 油管单轴静力拉伸试验结果　　　（单位：MPa）

编号	屈服强度	抗拉强度	编号	屈服强度	抗拉强度
YN1	637.95	773.07	YN9	646.22	766.70
YN2	797.22	893.53	YN10	636.09	769.25
YN3	788.18	893.38	YN11	631.47	774.58
YN4	790.81	898.57	YN12	641.04	777.06
YN5	794.30	894.30	YN13	654.50	774.75
YN6	789.43	894.06	YN14	657.55	775.15
YN7	793.43	890.76	YN15	655.51	767.47
YN8	637.09	768.41	YN16	643.79	763.40

表 6-5　P110 油管单轴静力拉伸试验结果　　　（单位：MPa）

编号	屈服强度	抗拉强度	编号	屈服强度	抗拉强度
YP1	819.76	879.96	YP9	816.70	875.23
YP2	890.09	931.98	YP10	821.57	881.48
YP3	882.24	925.36	YP11	812.98	873.14
YP4	879.94	924.32	YP12	802.69	863.16
YP5	881.99	928.52	YP13	814.70	879.05
YP6	882.85	926.99	YP14	825.31	883.28
YP7	884.20	931.38	YP15	805.77	871.90
YP8	829.99	889.93	YP16	813.98	876.34

表 6-6　J55 套管单轴静力拉伸试验结果　　　（单位：MPa）

编号	屈服强度	抗拉强度	编号	屈服强度	抗拉强度
TJ1	437.55	651.03	TJ9	425.33	649.76
TJ2	539.28	757.35	TJ10	423.19	645.36
TJ3	533.95	750.55	TJ11	447.28	662.46
TJ4	544.42	761.89	TJ12	420.80	647.40
TJ5	537.09	752.95	TJ13	428.64	648.85
TJ6	535.83	750.64	TJ14	430.55	653.76
TJ7	536.23	751.92	TJ15	429.24	653.37
TJ8	444.56	665.60	TJ16	428.64	648.85

表 6-7　N80 套管单轴静力拉伸试验结果　　　（单位：MPa）

编号	屈服强度	抗拉强度	编号	屈服强度	抗拉强度
TN1	652.36	746.54	TN4	770.81	867.86
TN2	779.88	863.36	TN5	774.69	865.57
TN3	770.85	869.36	TN6	772.12	864.47

编号	屈服强度	抗拉强度	编号	屈服强度	抗拉强度
TN7	772.19	865.47	TN12	654.55	742.92
TN8	645.75	741.60	TN13	657.33	746.19
TN9	640.42	735.71	TN14	652.67	745.24
TN10	659.01	749.77	TN15	652.18	746.48
TN11	660.75	753.61	TN16	651.26	744.97

表 6-8　P110 套管单轴静力拉伸试验结果　　　　　　（单位：MPa）

编号	屈服强度	抗拉强度	编号	屈服强度	抗拉强度
TP1	853.67	921.30	TP9	841.94	916.75
TP2	874.32	949.67	TP10	848.91	915.15
TP3	880.43	947.42	TP11	853.89	923.40
TP4	869.17	946.12	TP12	863.49	930.82
TP5	873.25	948.67	TP13	855.79	920.60
TP6	884.18	954.35	TP14	849.96	919.68
TP7	874.52	949.46	TP15	852.12	917.50
TP8	842.57	917.76	TP16	848.05	911.14

　　各种试件测得的抗拉强度和屈服强度与浸入时间的关系如图 6-4、图 6-5 所示，抗拉强度和屈服强度与循环次数的关系如图 6-6 所示。由图 6-4 可知，试验温度为–195.8℃时，在 10min 以内，随着浸入时间的增加，试件的抗拉强度和屈服强度增大；在试件浸入 10min 后，强度达到极值，此后继续增加浸入时间，试件强度变化不大。根据试验结果可知，试件在浸入液氮 10min 时已经完全冷

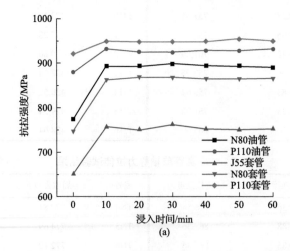

(a)

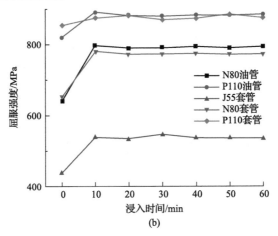

(b)

图 6-4 −195.8℃时不同浸入时间下抗拉强度(a)和屈服强度(b)变化规律

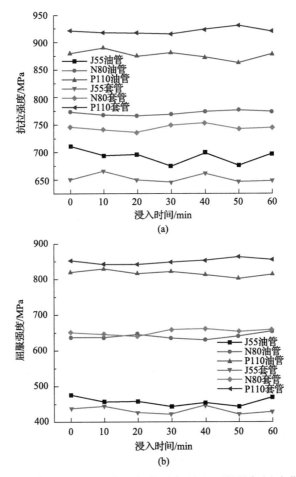

图 6-5 25℃时不同浸入时间下抗拉强度(a)和屈服强度(b)变化规律

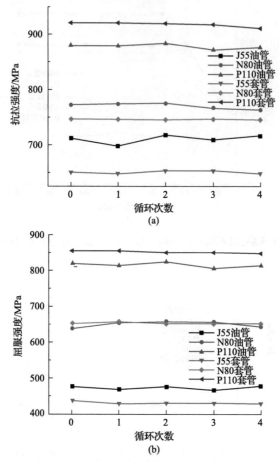

图 6-6　不同循环次数下抗拉强度(a)和屈服强度(b)变化规律(试验温度: 25℃)

却至–195.8℃, 即随着温度的降低, 试件的抗拉强度和屈服强度增大; 待试件冷
却至–195.8℃以后, 增加浸入时间对试件的抗拉强度和屈服强度无影响。由图 6-5
和图 6-6 可知, 当试验温度为 25℃时, 试件的抗拉强度和屈服强度在各种条件下
基本保持不变。分析认为, 温度是影响试件强度的主要因素。试件在 25℃条件下
进行试验, 接近室温, 其温度保持不变, 因此试件的强度也未发生较大变化。

　　由以上试验结果可知, 在实时低温条件下(–195.8℃), 试件的抗拉强度和屈
服强度增大, 但浸入时间和循环次数对抗拉强度和屈服强度基本无影响。试验温
度为 25℃时, 随着浸入时间和循环次数的增加, 试件的抗拉强度和屈服强度基本
不变。

　　试验温度由 25℃降低至–195.8℃时, 各试件的抗拉强度和屈服强度的平均变
化率如表 6-9 所示。油管试件中, N80 油管的抗拉强度平均增加 15.66%, 屈服强
度平均增加 24.18%, 增幅最大; P110 油管的抗拉强度平均增加 5.47%, 屈服强度

平均增加 7.78%，增幅最小。套管试件中，N80 套管的抗拉强度平均增加 16.00%，增幅最大；P110 套管的抗拉强度平均增加 3.04%，增幅最小；J55 套管的屈服强度平均增加 22.91%，增幅最大；P110 套管的屈服强度平均增加 2.61%，增幅最小。因此，低温液氮对管柱的强度起到强化作用，在液氮压裂过程中，不用额外考虑其对管柱强度的影响。

表 6-9　抗拉强度和屈服强度平均变化率　　　　　（单位：%）

试件	抗拉强度平均变化率	屈服强度平均变化率
N80 油管	15.66	24.18
P110 油管	5.47	7.78
J55 套管	15.85	22.91
N80 套管	16.00	18.56
P110 套管	3.04	2.61

根据试验结果，通过对液氮低温处理后不同类型试件的抗拉强度、屈服强度的测试和分析，得到如下结论。

(1)实时低温条件下(−195.8℃)，试件的抗拉强度和屈服强度增大。其中，油管的抗拉强度平均增幅为 5.47%～15.66%，屈服强度平均增幅为 7.78%～24.18%；套管的抗拉强度平均增幅为 3.04%～16.00%，屈服强度平均增幅为 2.61%～22.91%。

(2)在 25℃试验条件下，液氮浸入时间和循环次数对试件的抗拉强度和屈服强度基本无影响。因此，在液氮压裂过程中，不用额外考虑液氮对管柱强度的影响。

第二节　管材韧性变化规律

一、冲击韧性试验

单轴静力拉伸试验结果表明，−195.8℃时管柱的抗拉强度和屈服强度会增大；而在温度恢复至 25℃之后，抗拉强度和屈服强度的变化不大。但是管柱在实际工况中的受力十分复杂，当受到较大的冲击力时，韧性较差的材料易发生脆性断裂。因此，管柱除了强度需要达到标准之外，还需在承受冲击载荷时具有抵抗冲击载荷的能力，即较好的冲击韧性。为了研究液氮低温作用对管材的冲击韧性的影响，对三种钢级(J55、N80、P110)的油管和套管试件进行了液氮处理，并在处理前后进行了夏比冲击试验，得到了各试件冲击功的变化情况。根据试验结果进一步分析了液氮浸入时间、循环次数对管材的冲击韧性的影响。

1. 冲击试件制备

根据《金属材料 夏比摆锤冲击试验方法》(GB/T 229—2020)的规定，采用线切割方式，从套管和油管上得到相应试验试件。试件尺寸也根据《金属材料 夏比摆锤冲击试验方法》(GB/T 229—2020)确定。由于试验材料厚度的限制，本试验所用冲击试件均为小尺寸试件，油管试件尺寸为 55mm×10mm×5mm，套管试件尺寸为 55mm×10mm×7.5mm。试件尺寸图和实物图分别如图 6-7 和图 6-8 所示。所有试件的缺口方向均与管材轴线垂直。

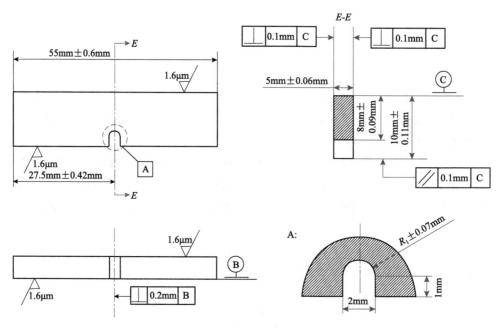

图 6-7　油管冲击试件尺寸图

图 6-8　冲击试件实物图

2. 试验设备

夏比冲击试验在 ZBC2452-D 型摆锤式冲击试验机上进行,本机为全自动冲击试验机,冲击试验完成后可利用剩余能量自动扬摆,准备下一次试验。本机配备温度控制装置,采用液氮循环制冷;此外,还配备自动送样装置,确保试件就位至完成冲击试验的时间不大于 2s,满足《金属材料 夏比摆锤冲击试验方法》(GB/T 229—2020)的要求。本试验机最大试验能量 450J,试验时预设冲击能量 150J,摆锤初始上扬角度为 135°。

3. 试验方案

试件准备完毕后,根据《金属材料 准静态断裂韧度的统一试验方法》(GB/T 21143—2014)的规定,进行夏比冲击试验,测得冲击功。为了研究液氮浸入时间对不同钢级试件冲击韧性的影响规律,设计了如下方案。

(1)将试件进行编号,并测量 1 号试件在原始状态下的冲击功。

(2)将 2~7 号试件浸入液氮中不同时间后取出,在 3s 内进行试验,根据《金属材料 准静态断裂韧度的统一试验方法》(GB/T 21143—2014)的规定,可以认为测得结果为试件在–195.8℃时的冲击功。

(3)将 8~13 号试件浸入液氮中不同时间后取出,待其恢复至 25℃后进行试验。

(4)对 14~16 号试件进行不同次数的循环处理,待其恢复至 25℃后进行冲击试验。

每组试验进行 3 次,取其算术平均值作为最终结果。以 J55 油管和 J55 套管为例,夏比冲击试验方案如表 6-10 和表 6-11 所示。

表 6-10　J55 油管夏比冲击试验方案表

编号	研究因素	处理和测量	编号	研究因素	处理和测量
YJ1	参考组	0min, 室温	YJ9	浸入时间	20min, 室温
YJ2	浸入时间	10min, 低温	YJ10	浸入时间	30min, 室温
YJ3	浸入时间	20min, 低温	YJ11	浸入时间	40min, 室温
YJ4	浸入时间	30min, 低温	YJ12	浸入时间	50min, 室温
YJ5	浸入时间	40min, 低温	YJ13	浸入时间	60min, 室温
YJ6	浸入时间	50min, 低温	YJ14	循环次数	循环 2 次, 室温
YJ7	浸入时间	60min, 低温	YJ15	循环次数	循环 3 次, 室温
YJ8	浸入时间	10min, 室温	YJ16	循环次数	循环 4 次, 室温

表 6-11　J55 套管夏比冲击试验方案表

编号	研究因素	处理和测量	编号	研究因素	处理和测量
TJ1	参考组	0min，室温	TJ9	浸入时间	20min，室温
TJ2	浸入时间	10min，低温	TJ10	浸入时间	30min，室温
TJ3	浸入时间	20min，低温	TJ11	浸入时间	40min，室温
TJ4	浸入时间	30min，低温	TJ12	浸入时间	50min，室温
TJ5	浸入时间	40min，低温	TJ13	浸入时间	60min，室温
TJ6	浸入时间	50min，低温	TJ14	循环次数	循环 2 次，室温
TJ7	浸入时间	60min，低温	TJ15	循环次数	循环 3 次，室温
TJ8	浸入时间	10min，室温	TJ16	循环次数	循环 4 次，室温

4. 不同条件下冲击功变化规律

六种试件测得的冲击功与浸入时间的关系如图 6-9 所示，冲击功与循环次数的关系如图 6-10 所示。由图 6-9 可知，试验温度为–195.8℃时，在 10min 以内，随着浸入时间的增加，试件的冲击功急剧减小，冲击韧性降低，脆性增强；在试件浸入 10min 后，冲击功达到极值，此后继续增加浸入时间，试件的冲击功变化不大。试验温度为 25℃时，随着浸入时间的增加，试件的冲击功变化不大。由图 6-10 可知，试验温度为 25℃时，随着循环次数的增加，试件的冲击功变化不大。分析认为，试件的冲击功与温度有关，而与浸入时间和循环次数无关。由于所用试件为小尺寸试件，试件在浸入液氮 10min 时已经完全冷却至–195.8℃，即随着温度的降低，试件的冲击功减小，冲击韧性降低，脆性增强；待试件冷却至–195.8℃以后，增加浸入时间对冲击功无影响。而当试验温度为 25℃时，接近室温试件的温度未发生变化，因此其冲击功基本不变。

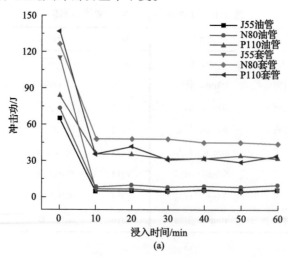

(a)

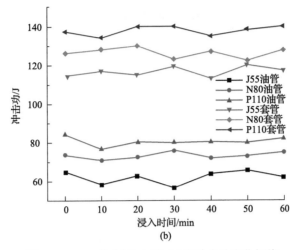

图 6-9　−195.8℃（a）和 25℃（b）时冲击功变化规律

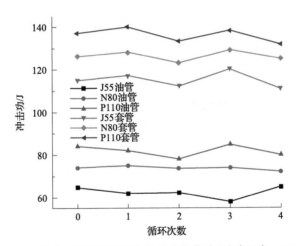

图 6-10　冲击功随温度循环次数的变化曲线（试验温度：25℃）

　　由以上试验结果可知，试验温度为−195.8℃时，试件的冲击功减小，冲击韧性降低，脆性增强。浸入时间和循环次数对试件的冲击韧性基本无影响。

　　当试验温度由 25℃降低至−195.8℃时，各试件的冲击功平均变化率如表 6-12 所示。由表 6-12 可知，各类型的试件都发生低温冷脆现象，在−195.8℃时冲击功大幅下降，韧性减弱，脆性增强。油管试件中，J55 油管的冲击功平均降低 91.80%，降幅最大；P110 油管的冲击功平均降低 60.12%，降幅最小。套管试件中，J55 套管的冲击功平均降低 95.07%，降幅最大；N80 套管的冲击功平均降低 63.36%，降幅最小。因此，液氮压裂施工时，应尽量避免管柱振动或产生其他冲击载荷。建议待管柱回温后进行管柱拖动等进一步操作。

表 6-12　冲击功平均变化率　　　　　　　　（单位：%）

试件	冲击功平均变化率
J55 油管	−91.80
N80 油管	−87.61
P110 油管	−60.12
J55 套管	−95.07
N80 套管	−63.36
P110 套管	−75.30

二、断裂韧性试验

夏比冲击试验的结果表明，液氮低温作用对管柱的冲击韧性影响较大：−195.8℃时，管柱的冲击韧性会降低，而在温度恢复至 25℃时，冲击韧性的变化不大。当管柱中存在裂纹或缺陷时，若管柱韧性较差，裂纹或缺陷可能发生快速拓展，导致管柱断裂，造成安全事故。因此，有必要对管柱的断裂力学特性进行研究。断裂韧性是一个定量指标，表征材料阻止裂纹扩展的能力，指构件中有裂纹或类裂纹缺陷时发生以其为起点的不再随着载荷增加而快速断裂时材料显示的阻抗值。为了研究液氮低温作用对管材断裂韧性的影响，试验测得三种钢级(J55、N80、P110)的油管和套管试件在液氮处理前后断裂韧性的变化情况，根据试验结果进一步分析了液氮浸入时间、循环次数对管材断裂韧性的影响。

1. 裂纹顶端张开位移试验原理

断裂韧性一般可用应力强度因子 K、J 积分和裂纹顶端张开位移(CTOD)等表示，本书选择裂纹顶端张开位移来评价材料的断裂韧性。裂纹顶端张开位移是指裂纹体受 I 型载荷(张开型载荷)后原始裂纹顶端处两表面所张开的相对距离。该理论认为，当裂纹顶端张开位移达到临界值时，不管含裂纹体的形状、几何尺寸、受力大小和方式如何，该裂纹即开始扩展。所用试件为三点弯曲试件。将试验试件安装在试验机上，在室温、静载条件下对标准试件进行等速率加载，计算机自动采集试验过程中载荷、位移、裂纹嘴张开位移等相关信息，绘制载荷-裂纹嘴张开位移曲线。结合裂纹嘴张开位移、载荷和初始裂纹长度，计算裂纹顶端张开位移。

2. 试件制备

裂纹顶端张开位移试验应尽可能地使用原始厚度试件，原始厚度试件所得裂纹顶端张开位移能够准确地反映原始材料的韧性高低。由于管材直径及厚度的限制，本试验选择将管材剖开、压平后，在所制平板上制取所需试件。试件形状及尺寸按照《金属材料　准静态断裂韧度的统一试验方法》(GB/T 21143—2014)确定，如图 6-11 所示。其中，油管试件尺寸为 90mm×15mm×5mm，套管试件尺寸为110mm×21mm×7mm。所有试件的预制裂纹方向均与管材轴线垂直。

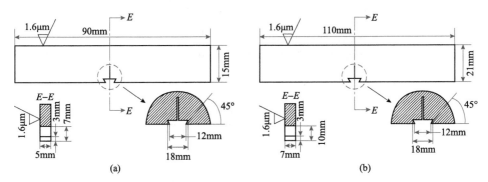

图 6-11　油管(a)和套管(b)裂纹尖端张开位移试件尺寸图

3. 试验设备

裂纹顶端张开位移实验在 MTS810-25 型试验机上进行。输入相关试验参数后，本试验机通过伺服系统控制所加载荷，用夹式引伸计(COD 规)测量裂纹嘴张开位移并同步记录，绘制载荷-裂纹嘴张开位移曲线。主要技术指标：轴间力±250kN，轴间位移±75mm，频率 0～50Hz。

4. 试验方案与步骤

试件准备完毕后，根据《金属材料　准静态断裂韧度的统一试验方法》(GB/T 21143—2014)的规定，进行断裂韧性实验，测得裂纹顶端张开位移。为了研究浸入时间对不同钢级的试件的断裂韧性的影响，设计了如下方案。

(1)将试件进行编号，测量 1 号试件在原始状态下的裂纹顶端张开位移。

(2)将 2～7 号试件浸入液氮中不同时间后取出,待其恢复至 25℃后进行试验。

(3)对 8～10 号试件进行不同次数的循环处理,待其恢复至 25℃后进行断裂韧性试验。

以 P110 油管和 P110 套管为例，裂纹顶端张开位移试验方案如表 6-13 和表 6-14 所示。

具体试验步骤如下。

(1)根据《金属材料准　准静态断裂韧度的统一试验方法》(GB/T 21143—2014)制作标准试件。

(2)安装试件。

(3)设置试验参数，编写控制程序。

(4)对试件进行疲劳裂纹预制，应力循环特征值 R 取 0.1。

(5)预制裂纹后的试件沿裂纹扩展方向两侧开侧槽，各侧槽深为 0.1 倍壁厚。

(6)启动力学测试与模拟(MTS)试验机开始试验，直到 COD 规满量程停止试验。

(7)将试件二次着色，使新形成的裂纹表面呈蓝色，便于测量裂纹长度。

(8)发蓝处理的试件置于液氮中冷却后，取出试件敲断，测量初始裂纹长度。

(9)根据测得参数计算裂纹顶端张开位移。

表 6-13　P110 油管裂纹顶端张开位移试验方案表

编号	研究因素	处理和测量	编号	研究因素	处理和测量
YP1	参考组	0min，室温	YP6	浸入时间	50min，室温
YP2	浸入时间	10min，室温	YP7	浸入时间	60min，室温
YP3	浸入时间	20min，室温	YP8	循环次数	循环 2 次，室温
YP4	浸入时间	30min，室温	YP9	循环次数	循环 3 次，室温
YP5	浸入时间	40min，室温	YP10	循环次数	循环 4 次，室温

表 6-14　P110 套管裂纹顶端张开位移试验方案表

编号	研究因素	处理和测量	编号	研究因素	处理和测量
TP1	参考组	0min，室温	TP6	浸入时间	50min，室温
TP2	浸入时间	10min，室温	TP7	浸入时间	60min，室温
TP3	浸入时间	20min，室温	TP8	循环次数	循环 2 次，室温
TP4	浸入时间	30min，室温	TP9	循环次数	循环 3 次，室温
TP5	浸入时间	40min，室温	TP10	循环次数	循环 4 次，室温

5. 试验结果及分析

六种试件测得的裂纹顶端张开位移与浸入时间的关系如图 6-12 所示，裂纹顶端张开位移与循环次数的关系如图 6-13 所示。由图 6-12 可知，试验温度为 25℃时，随着浸入时间的增加，试件的裂纹顶端张开位移变化不大。由图 6-13 可知，随着循环次数的增加，试件的裂纹顶端张开位移变化也不大。由以上分析可知，当试验温度为 25℃时，浸入时间和循环次数对试件的断裂韧性基本无影响。

通过对液氮低温处理后不同类型试件的冲击韧性和断裂韧性的测试和分析，得到如下结论。

(1)试验温度为–195.8℃时，试件的冲击功大幅下降，冲击韧性急剧降低。在本试验条件下，油管的冲击功平均降幅为 60.12%～91.80%；套管的冲击功平均降幅为 63.36%～95.07%。

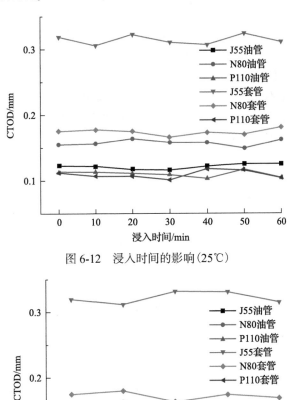

图 6-12 浸入时间的影响(25℃)

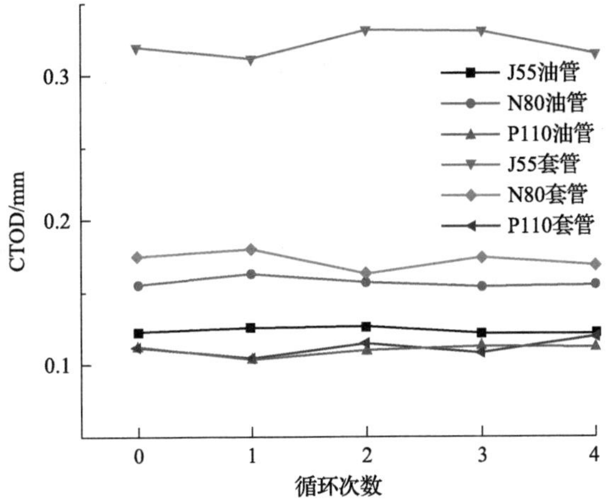

图 6-13 循环次数的影响

(2)浸入时间和循环次数对试件的冲击韧性和断裂韧性基本无影响。随着浸入时间和循环次数的增加，常温条件下(25℃)测试发现，试件的冲击功和裂纹顶端张开位移变化不大。

(3)–195.8℃时，各试件的冲击韧性减弱，脆性增强，易发生脆断，因此，在液氮压裂过程中，应尽量避免管柱振动或产生其他冲击载荷。待温度恢复至 25℃时，试件的冲击韧性随之恢复至初始状态，在液氮压裂时，建议待管柱回温后进行管柱拖动等进一步操作。

第三节　管材力学性能变化微观分析

第一节和第二节研究了液氮低温作用对管材的抗拉强度、屈服强度、冲击韧性和断裂韧性的影响。试验结果表明：-195.8℃时，管材的抗拉强度、屈服强度增加，冲击韧性降低，而当温度恢复至25℃时，抗拉强度、屈服强度、冲击韧性和断裂韧性的变化不大。为了进一步研究液氮低温作用对管材的力学性能的影响，通过扫描电镜试验观察了拉伸试件和冲击试件的断口微观形貌特征，从微观角度分析了液氮低温作用下管材的断裂方式的变化。

一、试验仪器与试件制备

本试验采用的是 FEI 公司生产的 Quanta200F 场发射环境扫描电子显微镜，其主要参数如下：加速电压为 0.2~30kV；分辨率为 1.2nm；放大倍率为 25~200k；扫描模式为高真空模式、低真空模式、环扫模式；冷冻加热载台温度为-185~400℃；拉伸台最大载荷为 500N；能谱、波谱、电子背散射衍射（EBSD）三元一体化系统。

本试验中，通过扫描各钢级油管和套管的拉伸试件和冲击试件的断口来分析材料断口表面的微观形貌特征，不再另外准备扫描电镜试件。

二、试验结果与分析

大量的试验研究表明，金属有两种宏观断裂方式，即韧性断裂和脆性断裂。韧性断裂是指试件经过大量变形后发生的断裂，主要特征是发生了明显的塑性变形，且断口的尺寸比原始尺寸也发生明显的变化。脆性断裂是指试件未经明显的塑性变形而发生的断裂。韧性断裂的典型断口形貌是韧窝，材料发生塑性变形时，在其内部会产生诸多细小的孔洞；随着材料塑性变形加深直至断裂，这些孔洞逐渐长大、聚集直到相互连接，从而在断口表面留下痕迹，形成韧窝。脆性断裂的断口形貌呈解理或准解理特征，通常由准解理小平面、河流花样、舌状花样组成。

由前述试验结果可知，各类型试件在试验条件为-195.8℃时，抗拉强度和屈服强度增大，冲击功急剧减小，冲击韧性减弱；在试验条件为 25℃时，抗拉强度、屈服强度和冲击韧性变化不大。因此，在两种试验条件下，试件的断口形貌将呈现不同的特征。

1. 拉伸断口形貌特征

选择"浸入时间 30min、试验温度-195.8℃"和"浸入时间 30min、试验温度 25℃"两种条件下的 N80 油管进行分析。拉伸断口的宏观形貌如图 6-14 所示，可知试验温度不同时，断口呈现出不同的形貌特征，表明其断裂方式存在差异。当试验温度为–195.8℃时，试件的拉伸断口较平整，且断裂方向与拉应力的方向垂直，属于典型的脆性断口，说明其断裂方式为脆性断裂。当试验温度为 25℃时，试件的拉伸断口处存在颈缩现象，且断口有明显的倾斜面，倾斜面与试样轴线夹角近似呈 45°，呈"杯锥形断口"特征，这是一种典型的韧性断口。

(a) 实验温度–195.8℃　　　　　　　(b) 实验温度25℃

图 6-14　拉伸断口宏观形貌

为比较不同的钢级强度、试验温度及循环次数下试件的断裂机理，选择"浸入时间 30min、试验温度 25℃""浸入时间 30min、试验温度–195.8℃""循环次数为 3 次、试验温度 25℃"三种条件下的试件进行拉伸断口微观特征分析。各类型试件的拉伸断口扫描电镜结果如图 6-15 所示。J55 油管无低温试验数据，故此处不做讨论。

  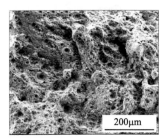

(a) N80油管(浸入时间：30min；　(b) N80油管(浸入时间：30min；　(c) N80油管(循环次数为3次；
　试验温度：25℃)　　　　　　　试验温度：–195.8℃)　　　　　试验温度：25℃)

 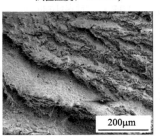 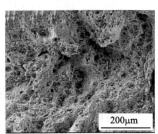

(d) P110油管(浸入时间：30min；　(e) P110油管(浸入时间：30min；　(f) P110油管(循环次数为3次；
　试验温度：25℃)　　　　　　　试验温度：–195.8℃)　　　　　试验温度：25℃)

(g) J55套管(浸入时间: 30min;
试验温度: 25℃)

(h) J55套管(浸入时间: 30min;
试验温度: −195.8℃)

(i) J55套管(循环次数为3次;
试验温度: 25℃)

(j) N80套管(浸入时间: 30min;
试验温度: 25℃)

(k) N80套管(浸入时间: 30min;
试验温度: −195.8℃)

(l) N80套管(循环次数为3次;
试验温度: 25℃)

(m) P110套管(浸入时间: 30min;
试验温度: 25℃)

(n) P110套管(浸入时间: 30min;
试验温度: −195.8℃)

(o) P110套管(循环次数为3次;
试验温度: 25℃)

图 6-15　拉伸断口扫描电镜照片

　　各类型试件在试验温度为−195.8℃时的拉伸断口中存在大量的河流花样及舌状花样，呈现出明显的脆性断裂特征，这与断口的宏观形貌特征相吻合。在试验温度为 25℃时，拉伸断口中存在许多大小不一的、较深的韧窝，呈现出明显的韧性断裂特征，与宏观形貌特征分析的结果相一致。拉伸断口的宏观分析和微观分析均表明，随着温度的变化，拉伸试件的断裂方式发生变化，由低温下的脆性破坏转为常温下的韧性破坏。

　　2. 冲击断口形貌特征

　　选择"浸入时间 40min，试验温度−195.8℃"和"浸入时间 40min，试验温度

25℃"两种条件下的 N80 油管进行分析。冲击断口宏观形貌如图 6-16 所示，当试验温度不同时，断口呈现不同的形貌特征，表明其断裂方式存在差异。在低温条件下（-195.8℃），冲击试件的断口较平整，且断裂方向与试件的轴线方向相垂直，说明试件在极短的时间内断裂，没有明显的塑性变形阶段。因此，此时试件的冲击韧性极差，属于脆性断裂。当试验温度为 25℃时，试件的冲击断口有明显的塑性变形痕迹，说明试件在冲击载荷作用下经历了塑性变形阶段后才断裂，这表明试件具有很好的冲击韧性，其断裂方式为韧性断裂。

(a) 试验温度-195.8℃ (b) 试验温度25℃

图 6-16 冲击断口宏观形貌

各类型试件的冲击断口扫描电镜结果如图 6-17 所示。与拉伸断口一样，各类型试件在低温条件下（-195.8℃）冲击断口呈现出明显的脆性断裂特征，断口中存在大量的河流花样及舌状花样，这与断口宏观分析的结果相吻合。在试验温度为 25℃时，冲击断口中存在许多大小不一的、较深的韧窝，呈现出明显的韧性断裂

(a) J55油管(浸入时间: 40min; 试验温度: 25℃)

(b) J55油管(浸入时间: 40min; 试验温度: -195.8℃)

(c) J55油管(循环次数为4次; 试验温度: 25℃)

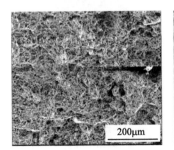

(d) N80油管(浸入时间: 40min; 试验温度: 25℃)

(e) N80油管(浸入时间: 40min; 试验温度: -195.8℃)

(f) N80油管(循环次数为4次; 试验温度: 25℃)

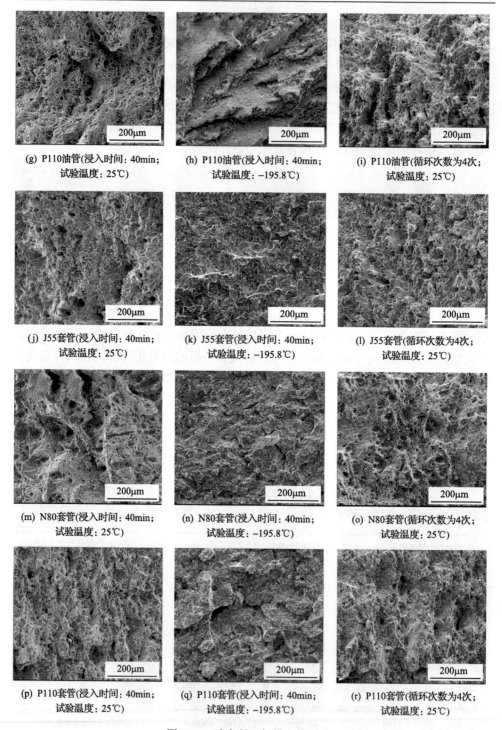

(g) P110油管(浸入时间: 40min; 试验温度: 25℃)

(h) P110油管(浸入时间: 40min; 试验温度: −195.8℃)

(i) P110油管(循环次数为4次; 试验温度: 25℃)

(j) J55套管(浸入时间: 40min; 试验温度: 25℃)

(k) J55套管(浸入时间: 40min; 试验温度: −195.8℃)

(l) J55套管(循环次数为4次; 试验温度: 25℃)

(m) N80套管(浸入时间: 40min; 试验温度: 25℃)

(n) N80套管(浸入时间: 40min; 试验温度: −195.8℃)

(o) N80套管(循环次数为4次; 试验温度: 25℃)

(p) P110套管(浸入时间: 40min; 试验温度: 25℃)

(q) P110套管(浸入时间: 40min; 试验温度: −195.8℃)

(r) P110套管(循环次数为4次; 试验温度: 25℃)

图 6-17 冲击断口扫描电镜照片

特征，与宏观分析的结果相一致。冲击断口的宏观分析和微观分析均表明，随着温度的变化，冲击试件的断裂方式发生变化，在-195.8℃时为脆性断裂，在 25℃时转变为韧性断裂。

通过对拉伸试件和冲击试件的断口形貌特征的观察和分析，得到如下结论。

(1)随温度变化，拉伸断口和冲击断口均呈现不同的宏观特征。低温条件下(-195.8℃)，断口形貌较平整，且断裂方向与试件的轴线方向垂直，为脆性断口；作为对比试验，室温下(25℃)拉伸断口呈"杯锥形断口"特征，冲击断口有明显的塑性变形，均为韧性断口。

(2)随着温度的变化，试件的断口呈现不同的微观特征。试验温度为-195.8℃时，断口中存在大量的河流花样及舌状花样，呈现出明显的脆性断裂特征。作为对比试验，室温下(25℃)断口形貌存在许多大小不一的较深的韧窝，呈现出明显的韧性断裂特征。

断口宏观和微观分析结果表明，随着温度的降低，试件的韧性减弱，脆性增强，由常温下的韧性破坏转化为低温下的脆性破坏。

本章主要从拉伸、冲击等力学特性试验和样本微观形貌角度展开分析，可以发现，液氮低温条件下试件的抗拉强度和屈服强度增大，冲击韧性急剧降低，不同类型试件的抗拉强度、屈服强度和冲击功的变化幅度不同。浸入时间和循环次数对试件的抗拉强度、屈服强度、冲击韧性和断裂韧性基本无影响。试验温度为25℃时，随着浸入时间和循环次数的增加，试件的抗拉强度、屈服强度、冲击功、裂纹顶端张开位移变化不大。因此，在液氮压裂过程中，应尽量避免管柱振动或产生其他冲击载荷，可以待管柱回温后进行管柱拖动等进一步操作。扫描电镜观察发现试验温度为-195.8℃时，断口呈现出明显的脆性断裂特征；试验温度为 25℃时，断口呈现出明显的韧性断裂特征。

第七章　液氮压裂裂缝起裂及扩展特征

液氮压裂是基于液氮超低温特性提出的一种新型无水压裂方法，相对于传统压裂液，具有独特的技术优势。该方法采用液氮作为压裂液，耦合水压致裂与液氮低温致裂作用，可形成水力裂缝-热应力裂缝-天然裂缝的复杂裂缝网络，可以有效避免储层伤害，解决压裂液返排困难、环境污染等问题。为探索液氮压裂的可行性，本章基于室内试验和数值模拟，从液氮压裂裂缝起裂特征、液氮压裂裂缝形态特征、液氮压裂多场耦合及岩石损伤特性三个方面展开，系统分析液氮压裂裂缝起裂及扩展特征，为液氮压裂技术提供理论基础与室内试验指导。

第一节　液氮压裂裂缝起裂特征

裂缝起裂特征是评价液氮压裂效果的重要指标，液氮压裂耦合了水压致裂与液氮低温致裂双重作用机制，裂缝起裂特征与传统水力压裂有显著区别。本节基于自主设计的真三轴液氮压裂试验系统，针对不同温度的型煤和花岗岩开展了液氮压裂室内实验研究，揭示了液氮压裂裂缝起裂特征，分析了三轴应力、岩样起始温度等因素对裂缝起裂特征的影响规律。

一、液氮压裂试验装置与方法

1. 液氮压裂试验装置

图 7-1 为真三轴液氮压裂试验装置实物图，包括真三轴应力加载与加热系统、高压液氮注入系统、数据采集与控制系统三个部分，可以实现常规水力压裂与液氮压裂试验研究[1]。下面，将分别介绍各组成部分的主要参数、原理及功能。

真三轴应力加载与加热系统用于模拟真实地层的应力场与温度场，如图 7-2 所示。该系统的釜体采用外圆内方结构，可容纳的最大岩石尺寸为 400mm×40mm×400mm，可根据研究需要添加不同尺寸的压板，实现 300mm×300mm×300mm、200mm×200mm×200mm 或其他特殊尺寸岩样的压裂试验。该系统可以实现三轴压力的独立控制，其应力通过釜体内部油缸施加，最大可施加油压为50MPa，控制精度为 0.1MPa。在压板中还设计有一套加热系统实现岩石的加热与保温，以模拟地层的温度条件。加热系统设计功率为 14.4kW，加热效率高，配备两组活动热电偶，可结合试验需求，实时测量釜体温度场的变化情况。在压板和油缸之间安装有石棉隔热板，起到减少岩样热损失和保护油缸的双重作用，最大耐温达 350℃。压板上设计有声发射探头孔，可配合声发射设备实时监测压裂过程中岩石破裂的特征信号。

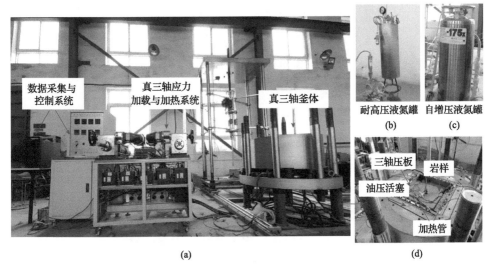

图 7-1　真三轴液氮压裂试验装置实物图

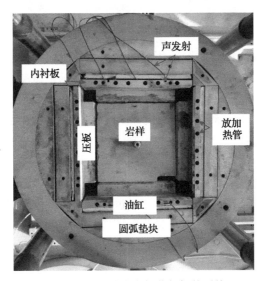

图 7-2　真三轴应力加载与加热系统

高压液氮注入系统由自增压液氮罐、气体增压系统和耐高压液氮罐组成。其中，自增压液氮罐最大耐压 4MPa，容量 175L，用于为耐高压液氮罐提供液氮。气体增压系统可将常规氮气瓶中的氮气增压至最高值 60MPa。耐高压液氮罐如

图 7-3 所示，最大容量 5L，最大耐压 30MPa，配备安全阀确保罐体压力始终处于安全值范围以内。液氮出口配备有高精度温度传感器和压力传感器，可以配合数据采集与控制系统实时监测液氮的注入温度与压力的变化情况。

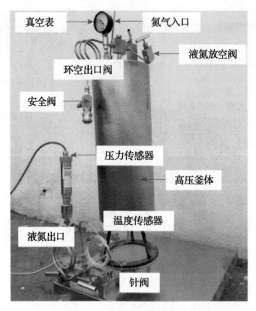

图 7-3　耐高压液氮罐

常规水力压裂室内试验装置采用注入泵恒速注入压裂液，但考虑到液氮在注入高温岩石过程中的超低温特性，常规注入泵很难满足试验要求，为试验操作带来诸多问题，如活塞隔热差易冻结、液氮添加困难、密封元件遇冷失效等。因此，本装置中的高压液氮生成系统采用氮气驱动耐高压液氮罐中的液氮注入岩样，通过减压阀调节高压气体出口压力从而控制液氮注入排量。这种采用高压氮气驱动液氮进行压裂的试验方法为笔者研究团队首次提出，是采用液氮作为压裂液进行室内真三轴液氮压裂试验的关键技术。

数据采集与控制系统的主要功能：通过配套软件，设置试验三轴应力、加热温度、压裂液注入速率等变量，实时监测压裂过程中的注入压力、三轴应力、岩样温度等参数，通过数据采集卡实时记录、保存试验数据。

2. 液氮压裂试验方法

基于上述系统，绘制如图 7-4 所示的真三轴液氮压裂试验装置示意图，液氮压裂试验的主要操作流程可以归结如下。

（1）岩样加热。将岩样根据试验需要采用恒温干燥箱或者真三轴加热系统加热至指定温度，根据岩样尺寸和加热温度制定合理的加热速率与加热时间。

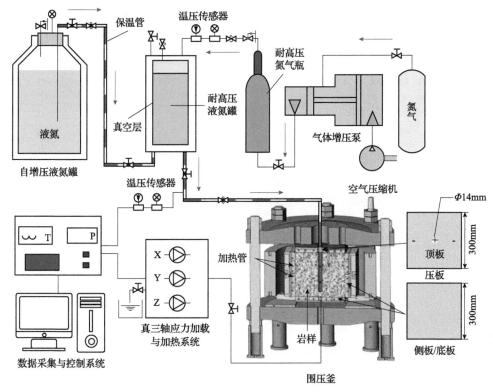

图 7-4　真三轴液氮压裂试验装置示意图

(2)氮气加压。利用气体增压泵将常规氮气瓶中的氮气增压至 40～50MPa 并储集在耐高压氮气罐中。

(3)灌满液氮。利用自增压液氮罐将耐高压液氮罐灌满液氮。

(4)岩样加压。将岩样放入围压釜并按试验计划施加三轴应力。

(5)岩石预冷。开启耐高压液氮罐出口阀,通过耐低温管线向岩样中注入液氮,冷却管线和岩样井筒。

(6)启动压裂。通过减压阀控制耐高压氮气罐出口压力,进而控制液氮注入速率,对岩样进行压裂。

(7)采集数据。启动压裂的同时,开始实时采集温度、压力等试验数据。

二、液氮压裂型煤

1. 岩样制备

型煤采用建筑水泥、40～80 目石英砂、40～80 目煤粉颗粒、清水,按照建筑水泥：石英砂：煤粉：清水=2：1：4：3 的比例混合,倒入尺寸为 300mm×300mm×300mm 的模具中,置于干燥室内环境下 24～48h 后取出。在取出后的型煤表面包裹保鲜膜使其缓慢胶结，并按照 ASTM[2]标准水浴养护一个月以上，以减少微裂纹的产生，避免影响压裂试验结果。待型煤养护结束后，按图 7-5 所示打钻孔，并采用植筋胶固井。井眼长度 180mm，直径 16mm，井筒长度 120mm，直径 14mm，裸眼段长度 60mm。

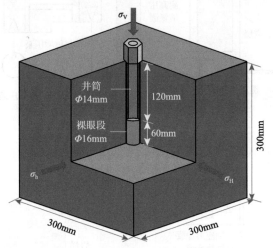

图 7-5　人工岩样钻孔固井示意图

σ_h-最小水平主应力；σ_H-最大水平主应力

型煤基本物性参数如表 7-1 所示。

表 7-1　型煤基本物性参数表

参数	值
密度/(kg/m³)	1490
单轴抗压强度/MPa	18.16
单轴抗拉强度/MPa	1.23
弹性模量/GPa	2.84
泊松比	0.18
线性热胀系数/K⁻¹	6.22×10^{-6}
孔隙度/%	9.2
渗透率/$10^{-3} \mu m^2$	0.27
断裂韧性/(MPa·m⁰·⁵)	0.31

2. 试验方案

液氮压裂型煤试验方案如表 7-2 所示。共计进行 12 组试验，主要研究应力状态对液氮压裂的影响规律，并与清水压裂作对比[3]。一般而言，室内压裂试验条件难以与现场真实情况完全一致，主要是基于相似准则来设计室内压裂试验的三轴应力、井筒尺寸、岩石尺寸、压裂液黏度等参数。水平应力差异系数是评价水平应力状态影响规律的重要参数，常用于室内压裂试验中[4]。本试验方案中水平应力差异系数的选取来源于韩城区块 11 口井的地质数据[5]，上覆地层压力与最小水平主应力之比的选取参考 Fjar 等[6]报道的数据。

表 7-2　液氮压裂型煤试验方案

编号	压裂液	三轴应力/MPa			水平应力差异系数*	黏度/(MPa·s)	备注
		σ_H	σ_h	σ_V			
LN1	液氮	8	5	10	0.6		基础方案
LN2	液氮	8	7.14	10	0.12		低水平应力差
LN3	液氮	8	2	10	3		高水平应力差
LN4	液氮	12	7.5	15	0.6	0.158	高三轴应力
LN5	液氮	4	2.5	5	0.6		低三轴应力
LN6	液氮	8	8	10	0		水平均匀应力
LN7	液氮	6	5	10	0.2		低水平应力差
W1	清水	8	5	10	0.6		基础方案
W2	清水	8	7.14	10	0.12		低水平应力差
W3	清水	8	2	10	3	1.002	高水平应力差
W4	清水	12	7.5	15	0.6		高三轴应力
W5	清水	4	2.5	5	0.6		低三轴应力

注：σ_V表示上覆地层压力；σ_H表示最大水平主应力；σ_h表示最小水平主应力。
*水平应力差异系数= $(\sigma_H-\sigma_h)/\sigma_h$。

3. 裂缝起裂特征分析

型煤的注入压力曲线如图 7-6 所示。试验结果表明液氮压裂的起裂压力均低于清水压裂。高三轴应力条件下的岩石采用液氮压裂比低三轴应力条件下的岩石采用清水压裂的起裂压力低（LN1 和 W5）。当水平应力差异系数较低时，液氮压裂降低起裂压力效果更加显著[图 7-6(a)和(b)]。一方面，液氮的"冷冲击"作用能劣化岩石性能，在井筒附近形成热应力裂纹，改变井周应力场分布；另一方面，液氮压裂是流体压力与热应力的双重耦合作用，因此，液氮压裂可有效降低岩石的起裂压力。岩石起裂后，液氮压裂的压力曲线迅速下降，表明较低的裂缝扩展压力和较快的裂缝扩展速度，而清水压裂的压裂曲线则下降缓慢，且压力维持在较高水平。此外，部分岩样采用清水压裂时，注入压力曲线出现一段压力缓慢上升的现象（如 W2 和 W5）。主要原因在于型煤中含有大量的黏土矿物，具有很强的吸水性，在较低的注入排量下极易造成缓慢增压现象。

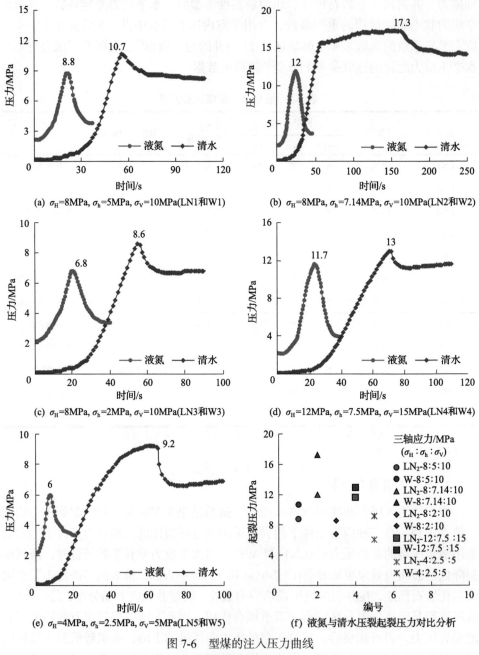

(a) σ_H=8MPa, σ_h=5MPa, σ_V=10MPa(LN1和W1)

(b) σ_H=8MPa, σ_h=7.14MPa, σ_V=10MPa(LN2和W2)

(c) σ_H=8MPa, σ_h=2MPa, σ_V=10MPa(LN3和W3)

(d) σ_H=12MPa, σ_h=7.5MPa, σ_V=15MPa(LN4和W4)

(e) σ_H=4MPa, σ_h=2.5MPa, σ_V=5MPa(LN5和W5)

(f) 液氮与清水压裂起裂压力对比分析

图 7-6　型煤的注入压力曲线

LN-液氮压裂；W-清水压裂

水平应力差异系数对起裂压力的影响规律如图 7-7 所示。图 7-7(a) 为不同水平应力差异系数下液氮压裂注入压力曲线，随着水平应力差异系数的增加，液氮压裂岩石的起裂压力不断减小，当水平应力差异系数为 0 时，起裂压力达到 12.4MPa。清水压裂岩石的起裂压力随水平应力差异系数的减小而增大，与液氮压裂规律一致[图 7-7(b)]。图 7-7(c)将不同水平应力差异系数条件下液氮压裂与清水压裂岩石的起裂压力进行对比分析，可以发现，当水平应力差异系数为 0~1 时，水平应力差异系数对清水压裂岩石的起裂压力影响更为显著，即当水平应力差异系数从 1 逐渐减小到 0 时，清水压裂岩石的起裂压力变化幅度更大。以韩城区块煤层气田应力场数据为例[5]，当水平应力差异系数从0.7降低到0.12时，采用清水压裂岩石的起裂压力分别为 11.3MPa 和 16.6MPa，起裂压力增加了 47%。如果采用液氮压裂，岩石的起裂压力为 10MPa 和 11.1MPa，起裂压力仅增加 11%。

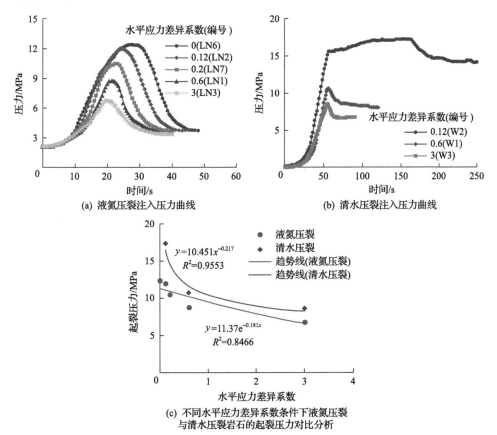

(a) 液氮压裂注入压力曲线

(b) 清水压裂注入压力曲线

(c) 不同水平应力差异系数条件下液氮压裂
与清水压裂岩石的起裂压力对比分析

图 7-7　水平应力差异系数对起裂压力的影响规律

综上所述，液氮压裂可有效降低岩石的起裂压力，是开发煤层气、页岩气等低渗透非常规油气资源的一项潜在性技术。

三、液氮压裂高温花岗岩

1. 岩样制备

试验所用花岗岩岩样有两种，分别是"五莲花"和"珍珠花"，均来自中国山东。岩样尺寸为 200mm×200mm×200mm，井眼长度 180mm、直径 16mm，井筒长度 120mm、直径 14mm，裸眼段长度 60mm[图 7-8(a)]，其矿物成分如图 7-8(b)所示。

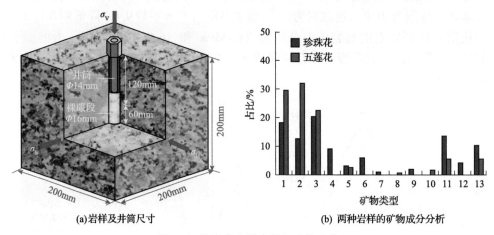

(a)岩样及井筒尺寸　　　　　　　　(b)两种岩样的矿物成分分析

图 7-8　花岗岩岩样参数与矿物成分

1-石英；2-钾长石；3-斜长石；4-方解石；5-白云石；6-文石；7-菱铁矿；
8-岩盐；9-黄铁矿；10-赤铁矿；11-角闪石；12-钙芒硝；13-黏土矿物

两种岩样的基本物性参数如表 7-3 所示。

表 7-3　花岗岩基本物性参数表

参数	珍珠花	五莲花
密度/(kg/m³)	2690	2650
单轴抗压强度/MPa	150	137
单轴抗拉强度/MPa	11.48	7.10
杨氏模量/GPa	46	38
泊松比	0.25	0.21
线性热胀系数/K^{-1}	3×10^{-6}	3×10^{-6}
渗透率/$10^{-3}\mu m^2$	6.57×10^{-3}	11.29×10^{-3}
孔隙度/%	0.39	0.55

2. 试验方案

液氮压裂花岗岩试验方案如表 7-4 所示。共进行 15 组试验，主要研究了应力状态与岩样初始温度的影响规律，并与清水压裂对比。根据美国"地热能前沿观测研究计划"（FORGE 项目）公布的地层参数，干热岩储层温度为 175～225℃，应力梯度分别为 13.1～14.2kPa/m、15.4～18.5kPa/m、25.5kPa/m[7]。因此，水平应力差异系数范围为 0.08～0.41。在本试验方案中，岩样初始温度设置为 25～200℃，基础方案的水平应力差异系数设计为 0.3，变化范围为 0.0～2.9，以研究水平应力差异系数对液氮压裂干热岩裂缝起裂的影响规律。

表 7-4 液氮压裂花岗岩试验方案

编号	压裂液	三轴应力/MPa (σ_H：σ_h：σ_V)	水平应力差异系数	岩样初始温度/℃
LN1-1	液氮	7.6：3.8：22.4	1.0	200
LN1-2	液氮	15：7.6：22.4	1.0	200
LN2-1	液氮	15：7.6：22.4	1.0	25
LN2-2	液氮	15：7.6：22.4	1.0	200
LN2-3	液氮	15：11.2：22.4	0.3	25
LN2-4	液氮	15：11.2：22.4	0.3	200
W1-1	清水	7.6：3.8：22.4	1.0	200
W1-2	清水	15：7.6：22.4	1.0	200
W2-1	清水	15：7.6：22.4	1.0	25
W2-2	清水	15：7.6：22.4	1.0	200
W2-3	清水	15：11.2：22.4	0.3	25
W2-4	清水	15：11.2：22.4	0.3	200
LN2-5	液氮	15：11.2：22.4	0.3	100
LN2-6	液氮	15：3.8：22.4	2.9	200
LN2-7	液氮	11.2：11.2：22.4	0.0	200

注：σ_V 表示上覆地层压力；σ_H 表示最大水平主应力；σ_h 表示最小水平主应力；编号 LN 1 和 W1 表示"珍珠花"，LN 2 和 W2 表示"五莲花"。

3. 裂缝起裂特征分析

根据 Hubbert-Willis 准则，当有效剪切应力大于井壁岩石的抗拉强度时，岩石开始起裂，起裂压力 P_{BDC} 可以用式（7-1）表示[8,9]：

$$P_{BDC} = 3\sigma_h - \sigma_H - P_p + \sigma_t \qquad (7-1)$$

式中，P_{BDC} 为起裂压力，MPa；P_p 为初始孔隙压力，MPa；σ_h 为最小水平主应力，MPa；σ_H 为最大水平主应力，MPa；σ_t 为岩石抗拉强度，MPa。

Zhang 等[10]基于断裂力学理论对上述预测公式进行了修正。他们提出在裂缝起裂后，为达到岩体完全破裂，需要附加注入压力。据此，起裂压力预测公式修正为

$$P_{BDC} = 3\sigma_h - \sigma_H - 2\alpha P_p + P_p + k\sigma_t \tag{7-2}$$

式中，α 为 Biot 有效应力系数；$k = \sqrt{\dfrac{2l_b}{a}}$，其中 a 为起裂压力裂缝缝长，l_b 为附加压力裂缝扩展长度。假设 $a = l_b$，则 $k = \sqrt{2}$。本试验中岩样无初始孔隙压力。

表 7-5 为起裂压力的理论计算值与试验值对比，理论计算值 P_{BDC} 按式(7-2)计算。表中 W2-1、W2-3 岩样初始温度为 25℃，采用清水压裂，试验测得的起裂压力值与理论计算值接近。但是，液氮压裂试验测得的起裂压力普遍比理论计算值小(LN2-6 例外，水平应力差异系数小)。表 7-5 中，岩样 LN1-1 和 LN1-2 试验测得的起裂压力分别比理论计算值低 9%和 1%左右，而岩样 W1-1 和 W1-2 试验测得的起裂压力分别比理论计算值高 13%和 42%左右。前人研究表明，当花岗岩温度为 25~300℃时，矿物颗粒膨胀，岩样强度升高，因而导致清水压裂的起裂压力试验值比理论计算结果高[11]。但是，采用液氮压裂，岩样初始温度越高，热应力作用越显著，越有利于降低起裂压力，如岩样 LN2-1 和 LN2-2 的起裂压力实

表 7-5　起裂压力的理论计算值与试验值对比　　　　　(单位：MPa)

编号	试验值 P_{BD}	理论计算值 P_{BDC}	$P_{BD}-P_{BDC}$
LN1-1	18.3	20.0	−1.7
LN1-2	23.8	24.0	−0.2
LN2-1	16.7	17.8	−1.1
LN2-2	14.8	17.8	−3.0
LN2-3	24.8	28.6	−3.8
LN2-4	14.5	28.6	−14.1
W1-1	22.6	20.0	2.6
W1-2	34.0	24.0	10.0
W2-1	18.4	17.8	0.6
W2-2	19.0	17.8	1.2
W2-3	28.0	28.6	−0.6
W2-4	25.8	28.6	−2.8
LN2-5	21.0	28.6	−7.6
LN2-6	10.0	6.4	3.6
LN2-7	19.0	32.4	−13.4

验值比理论计算值低6%和17%左右，且LN2-2的初始温度高于LN2-1；岩样LN2-3和LN2-4的起裂压力试验值比理论计算值低13%和49%左右。采用清水压裂的岩样W2-3和W2-4试验测得的起裂压力仅比理论计算值低2%和10%左右。由此可知，水力压裂中流体压力的作用起主导作用，而压裂液-岩石温差引起的热应力仅起辅助致裂的作用[12]。此外，采用液氮压裂，随着三轴应力的增加，热应力降低起裂压力的作用更加显著，如岩样LN2-2与LN2-4。岩样LN2-7水平应力差异系数为0.0，其起裂压力的试验值比理论值低41%，说明对于液氮压裂而言，水平应力差异系数越低越有利于降低起裂压力。

　　基于本章的试验结果，结合式(7-2)，修正式(2-8)，即考虑热应力影响的起裂压力预测公式，如图7-9所示，假设初始孔隙压力为0MPa。

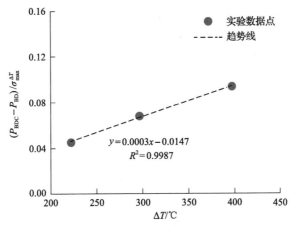

图 7-9　岩样初始温度对起裂压力的影响规律

$\sigma_{\max}^{\Delta T}$-热应力；ΔT-液氮-岩石温差

　　回归试验数据，可得修正后的液氮压裂岩石起裂压力预测公式：

$$P_{\mathrm{BD}} = 3\sigma_{\mathrm{h}} - \sigma_{\mathrm{H}} + \sqrt{2}\sigma_{\mathrm{t}} - (a\Delta T - b)\frac{E}{1-\nu}\beta\Delta T \tag{7-3}$$

$$a = 0.0003, b = 0.0147$$

式中，β 为热胀系数，K^{-1}。

　　液氮压裂与清水压裂的注入压力曲线如图 7-10 所示。液氮压裂花岗岩的起裂压力均低于清水压裂的起裂压力，进一步说明液氮强烈的"冷冲击"作用能显著降低起裂压力。液氮压裂花岗岩与液氮压裂型煤的结果类似，同样具有较低的裂缝扩展压力和较快的裂缝扩展速度。当岩石起裂后，液氮压裂的注入压力迅速下降。对比图 7-10(a)和(b)，当岩样起始温度相同时，高三轴应力条件下液氮压裂对降低起裂压力的效果更加显著。对比图 7-10(c)和(e)，以及图 7-10(d)和(f)，亦能发现类似规律。对比图7-10(c)和(d)，以及图7-10(e)和(f)，发现岩样-压裂液温差越大，起裂压力越低。图7-10(g)进一步表明随着岩样初始温度的升高，起裂压力呈线性下降。图7-10(h)则说明水平应力差异系数越大，液氮压裂花岗岩的起裂压力越低，起裂速度越快。

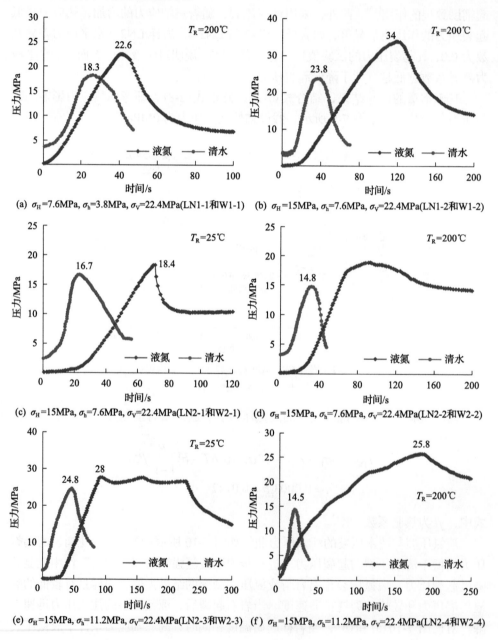

(a) σ_H=7.6MPa, σ_h=3.8MPa, σ_V=22.4MPa(LN1-1和W1-1)

(b) σ_H=15MPa, σ_h=7.6MPa, σ_V=22.4MPa(LN1-2和W1-2)

(c) σ_H=15MPa, σ_h=7.6MPa, σ_V=22.4MPa(LN2-1和W2-1)

(d) σ_H=15MPa, σ_h=7.6MPa, σ_V=22.4MPa(LN2-2和W2-2)

(e) σ_H=15MPa, σ_h=11.2MPa, σ_V=22.4MPa(LN2-3和W2-3)

(f) σ_H=15MPa, σ_h=11.2MPa, σ_V=22.4MPa(LN2-4和W2-4)

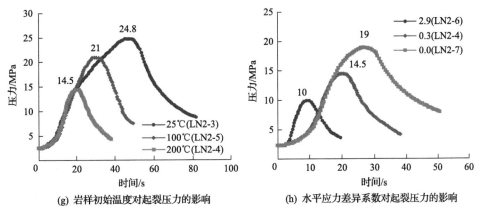

(g) 岩样初始温度对起裂压力的影响　　(h) 水平应力差异系数对起裂压力的影响

图 7-10　液氮压裂与清水压裂的注入压力曲线

T_R-岩样初始温度

第二节　液氮压裂裂缝形态特征

裂缝形态特征可以直观地反映不同压裂方法的造缝效果。本节基于上述试验，结合压后岩样缝面形貌、裂缝导流能力和计算机断层扫描 (CT) 裂缝三维重构特征，分析应力状态、岩样起始温度等对液氮压裂裂缝形态特征的影响规律，探索液氮压裂造缝机理，为开展液氮现场压裂提供试验基础。

一、液氮压裂型煤

1. 裂缝形态特征分析

为了清晰地展示裂缝表面的形貌特征，压裂试验结束后，在无围压状态下注入红墨水以标定裂缝面。随后将岩样沿裂缝面剖开，其裂缝面特征与主裂缝扩展方向如图 7-11 所示。图中黄色虚线区域为无围压重注红墨水波及区，即为裂缝导流能力较高的区域。试验发现液氮压裂后，岩样的井筒附近形成了多条辐射状的裂缝，且红墨水标定的区域范围大于清水压裂的岩样。主要原因是压裂初期，井筒周围岩石在热应力作用下形成微裂缝，有利于增加近井地带渗透率。同时，这些细观结构缺陷的存在影响了宏观裂缝的起裂与扩展。随着液氮的持续注入，岩石在热应力和流体压力的共同作用下起裂、延伸，最终实现主裂缝及微裂缝的搭接，形成了大范围的改造区域。

当岩样处于较高的三轴应力或者较高的水平应力差异系数条件下时，液氮压裂同清水压裂一样，岩样的主裂缝扩展方向垂直于最小水平主应力方向[图 7-11 (a)、(e) 和 (g)]。当岩样处于较低的三轴应力或者较低的水平应力差异系数条件下时，裂缝的扩展方向会偏离最大主应力方向[图 7-11 (i) 和 (l)]。其主要原因是热应力的

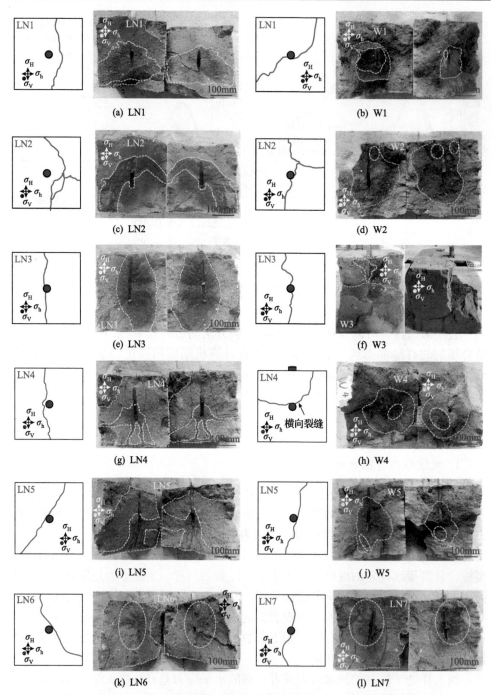

图 7-11　液氮压裂和清水压裂型煤裂缝面特征与主裂缝扩展方向

红色实线-岩样顶部裂缝扩展方向；黄色虚线-无围压重注红墨水波及区；蓝色虚线-主裂缝面光滑区域

存在会改变井周围应力场的分布。此外，当水平应力差异系数较小时，主裂缝易向热应力诱导的弱面方向发生偏转[12,13]，液氮压裂形成的主裂缝易出现分支裂缝，且这些分支裂缝不受地应力方向控制，有助于形成复杂缝网[图 7-11(c)]。当水平应力差异系数为 0 时，即最大水平主应力与最小水平主应力相等时，主裂缝扩展方向与两水平主应力方向互呈 45°角[图 7-11(k)]。

图 7-11 中蓝色虚线所示区域为岩样主裂缝面光滑区域，即主裂缝扩展区域(蓝色虚线以外的粗糙面为岩样剖开后发生的不规则断裂，而非裂缝扩展区域)。对比液氮压裂与清水压裂的裂缝剖面可以发现，液氮压裂的裂缝扩展区域较大，其主要原因是液氮在缝内吸热膨胀可促进裂缝扩展。常温常压下，液氮-氮气(气态)相变膨率为 1∶694，裂缝起裂后，液氮与主裂缝面进行激烈的热交换，液氮发生热弹性膨胀，加速裂缝扩展，同时降低岩石摩擦系数、促进剪切滑移。此外，从图 7-11(d)可以发现，井筒附近区域吸收了大量的清水压裂液，进一步阐明了前面所述注入压力曲线缓慢上升的原因。因此，相对于清水压裂，液氮压裂不会导致矿物颗粒吸水膨胀，所形成的裂缝在延伸范围、复杂程度和导流能力等方面更具优势。

2. 裂缝导流能力分析

基于前面所述压后重注红墨水标定裂缝导流区域的试验方法，可通过重注压力的大小定量表征液氮压裂与清水压裂的裂缝导流能力。通过引入传输指数来表示红墨水的注入流量和井筒与裂缝之间压差的关系，从而有效计算红墨水在井筒与裂缝之间的运输。该想法源于嵌入式离散裂缝模型(embedded discrete fracture method)[14,15]的思路。假设裂缝中压力沿着裂缝方向呈线性变化，传输指数为

$$T_{f} = \frac{2\pi K_{f} w_{f}}{\ln\left(\dfrac{r_{e}}{r_{w}}\right)} \tag{7-4}$$

式中，T_{f} 为传输指数，mD·mm；K_{f} 为裂缝渗透率，mD；w_{f} 为裂缝宽度，mm；r_{e} 为有效半径，mm，本书取岩样长度的一半；r_{w} 为井眼半径，mm。由此可以得到裂缝导流能力的大小(裂缝渗透率与裂缝宽度的乘积)。

水从井筒流到裂缝间的流量可以表示为

$$q_{w} = T_{f}\Delta P_{wf}/\mu_{w} \tag{7-5}$$

式中，q_{w} 为流量，mL/min；ΔP_{wf} 为井筒和裂缝之间的压差，MPa；μ_{w} 为注入水的黏度，mPa·s。

计算得到型煤裂缝导流能力如表 7-6 所示。对比可知液氮压裂裂缝导流能力为清水压裂的 8~280 倍，说明液氮压裂改造区域广，形成的裂缝导流能力高。

表 7-6　液氮压裂与清水压裂型煤裂缝导流能力对比

编号	压裂液	三轴应力/MPa			重注压力 /MPa	裂缝导流能力 C_f /(mD·mm)	$(C_{fLN_2}/C_{fW})^2$
		σ_H	σ_h	σ_V			
LN1	液氮	8	5	10	0.01	23322.67	280
LN2	液氮	8	7.14	10	0.50	466.45	8
LN3	液氮	8	2	10	0.10	2332.27	33
LN4	液氮	12	7.5	15	0.30	777.42	11
LN5	液氮	4	2.5	5	0.05	4664.53	38
LN6	液氮	8	8	10	0.80	291.53	—
LN7	液氮	6	5	10	0.40	583.07	—
W1	清水	8	5	10	2.80	83.30	—
W2	清水	8	7.14	10	3.90	59.80	—
W3	清水	8	2	10	3.30	70.67	—
W4	清水	12	7.5	15	3.40	68.60	—
W5	清水	4	2.5	5	1.90	122.75	—

注：C_{fLN_2} 表示液氮压裂岩样裂缝导流能力；C_{fW} 表示清水压裂岩样裂缝导流能力。

二、液氮压裂高温花岗岩

采取与上述相同的方法进行压裂试验，压裂试验后，在无围压条件下以低压注入红墨水标定裂缝导流区域，红墨水从裂缝表面渗出后用记号笔描绘裂缝走向。图 7-12（a）为不同试验条件下液氮压裂花岗岩岩样表面裂缝形态特征，图 7-12（b）为清水压裂对照组。研究发现采用清水压裂的岩样，从表面渗出的红墨水路径不明显，表明裂缝较短，多集中在井筒附近，且多为单一主裂缝，其延伸方向垂直于最小水平主应力方向。采用液氮压裂时，当岩样初始温度较低或承受较高的三轴应力时，易形成沿最大水平主应力方向的单一主裂缝（如 LN2-1）；随着岩样初始温度的升高，表面裂缝分布越明显，裂缝分支越多，且裂缝导流能力明显高于清水压裂。当三轴应力较低时，热应力微裂缝易诱导主裂缝发生偏转、形成分支。此外，液氮在缝内的弹性热膨胀作用促进裂缝扩展，因此液氮压裂花岗岩形成的裂缝比清水压裂形成的裂缝长，与型煤压裂的试验结果一致。基于式(7-4)和式(7-5)，计算得到的压后岩样裂缝导流能力如图 7-12（c）所示。液氮压裂形成的裂缝导流能力显著高于清水压裂，为清水压裂的 10～77 倍。此外，对于液氮压裂，岩样裂缝导流能力与岩样初始温度和水平应力差异系数呈线性增长关系，即随着岩样初始温度的升高和水平应力差异系数的增大，裂缝导流能力逐渐增大。综上，液氮压裂相对于清水压裂，裂缝起裂压力低、扩展速度快，可形成高导流能力的复杂缝网。

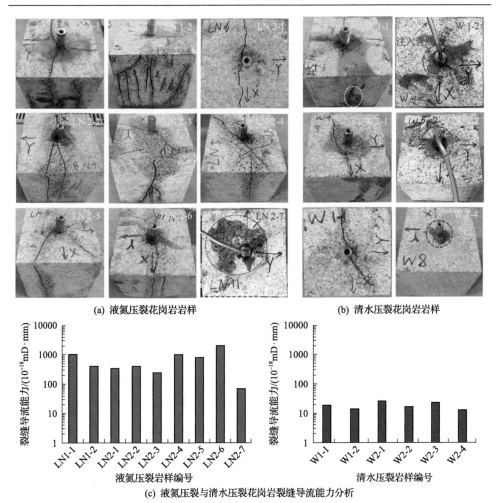

(a) 液氮压裂花岗岩岩样　　　　　　(b) 清水压裂花岗岩岩样

(c) 液氮压裂与清水压裂花岗岩裂缝导流能力分析

图 7-12　液氮压裂和清水压裂花岗岩裂缝形态及裂缝导流能力

X 方向为最小水平主应力方向；Y 方向为最大水平主应力方向

　　为了进一步对比分析液氮压裂与清水压裂岩样内部裂缝形态，定量分析裂缝特征参数，本试验选取三块压后岩样采用高精度工业 CT 进行分析，扫描的分辨率为 40μm，扫描区域尺寸为 100mm×100mm×200mm（图 7-13）。由二维切片图[图 7-13（a）]可知，液氮压裂初始温度为 200℃的花岗岩，岩样内部形成多条裂缝，而清水压裂初始温度为 200℃的花岗岩裂缝辨识度低（裂缝尺寸可能小于 40μm）。

　　基于二维切片图数据，重构裂缝网络的三维结构[图 7-13（b）]。结果发现井筒附近形成了大面积的疏松带即热损伤区，这些热损伤区主要由大量不受地应力控制的小尺度裂缝和孔隙结构组成，可有效提高近井地带岩石的渗流能力和裂缝的导流能力。W2-4 为清水压裂岩样，初始温度为 200℃，井眼底部形成了一组双翼

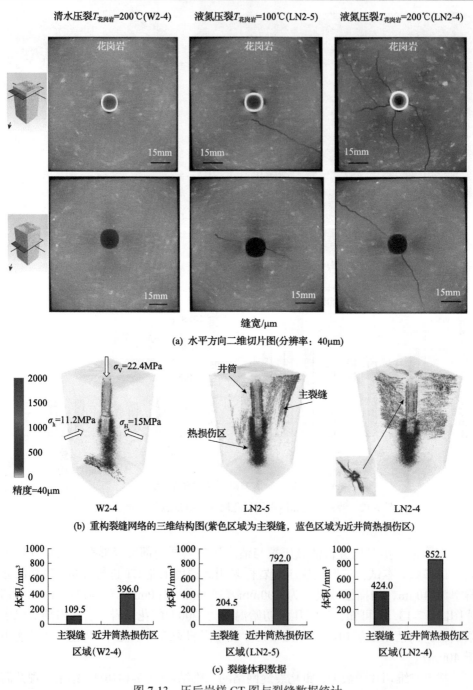

清水压裂$T_{花岗岩}$=200℃(W2-4)　　液氮压裂$T_{花岗岩}$=100℃(LN2-5)　　液氮压裂$T_{花岗岩}$=200℃(LN2-4)

缝宽/μm

(a) 水平方向二维切片图(分辨率：40μm)

(b) 重构裂缝网络的三维结构图(紫色区域为主裂缝，蓝色区域为近井筒热损伤区)

(c) 裂缝体积数据

图 7-13　压后岩样 CT 图与裂缝数据统计

$T_{花岗岩}$-花岗岩的初始温度

裂缝(由于 CT 精度限制，裂缝面无法完全展现)。采用液氮压裂，花岗岩岩样裂缝面明显大于清水压裂。岩样 LN2-4 中，分支裂缝与近井筒热损伤区分布在主裂缝周围，共同构成三维裂缝网络。图 7-13(c) 的裂缝体积数据统计表明液氮压裂岩样 LN2-5 和 LN2-4 的主裂缝体积分别为清水压裂岩样 W2-4 的 1.87 倍和 3.87 倍，近井筒热损伤区体积分别为清水压裂岩样 W2-4 的 2 倍和 2.15 倍。综上，液氮压裂有望为深层地热资源、干热岩地热资源的绿色高效开发提供一种新型的储层改造方式。

为了进一步验证 CT 图中出现的近井筒热损伤区，采用冷冻扫描电镜(Cryo-SEM)观测了超低温(最低–190℃)环境下花岗岩表面的微观结构特征(图 7-14)，还原了液氮压裂过程中冷冻条件下花岗岩微裂缝的形成。观测流程为首先将花岗

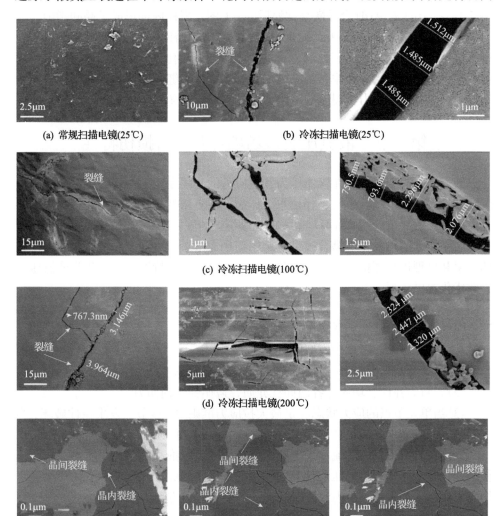

图 7-14　花岗岩表面裂缝形态特征

岩用氩离子抛光后加热到不同的温度(0～200℃)；其次将岩样通过冷冻导电胶固定于冷冻传输杆上，将冷冻传输杆迅速插入液氮中浸泡 20～30min；最后转移至电镜腔室，利用冷冻扫描电镜在–190℃的超低温环境下对岩样进行电子显微成像，全程保持花岗岩在液氮的冷冻环境中进行。图 7-14(a) 为常规电镜观测的花岗岩岩样初始微观结构，岩样表面光滑，裂缝或孔洞结构较少。液氮冷冻后岩样表面开始出现裂缝，裂缝宽度达到 1.512μm[图 7-14(b)]。当岩样初始温度为 100℃时，液氮冷冻后岩样出现分支裂缝和孔洞结构[图 7-14(c)]。当岩样初始温度为 200℃时，液氮冷冻后岩样出现缝网结构，最大裂缝宽度可达 4μm 左右[图 7-14(d)]。图 7-14(e) 为图 7-14(d)岩样恢复常温后的 CT 图，岩样内部形成了晶间裂隙与晶内裂缝，其原因在第二章中已详细分析。因此，液氮注入储层后，井筒周围岩石可形成微纳米尺度的裂缝和孔洞，有助于原始裂缝或孔隙的扩展与连通，一方面可增加近井地带储层渗透率，另一方面有利于降低裂缝起裂压力，对于构建水力裂缝-天然裂缝-热应力微裂缝的网络体系具有重要意义。

第三节　液氮压裂多场耦合及岩石损伤特性

液氮压裂起裂之后，在流体压力和热应力的共同作用下，裂缝会进一步向地层深处扩展。室内试验表明，相比水力压裂，液氮压裂易于形成主裂缝与次级裂缝沟通交错的复杂缝网，而不是单一的主裂缝。本节从连续损伤力学的角度出发，建立液氮压裂的热-流-固耦合模型，运用损伤力学参数对液氮压裂岩石的损伤破坏效果和机理进行评价和研究，并分析其热-流-固耦合特性，进一步为液氮压裂参数优化提供依据。

一、液氮压裂热-流-固耦合模型

液氮压裂热-流-固耦合模型假设如下。

(1)岩石孔隙压力与岩石骨架变形之间的耦合关系遵循 Biot 孔隙弹性理论。

(2)岩石为弹性、均质、各向同性介质，遵循弹性损伤力学。

(3)当单元节点的应力状态满足最大拉应力准则时，该节点发生拉伸破坏，当单元节点的应力状态满足莫尔-库仑(Mohr-Coulomb)准则时，其发生剪切破坏。

流体在岩石孔隙中的流动采用达西定律描述。在饱和的多孔介质中，孔隙体积的变化是流体和岩石的压缩性共同作用的结果。因此，综合考虑流体压力和平均应力作用下的多孔介质内流体瞬态流动的质量守恒方程为[6]

$$\rho\left[C_f\phi+(\alpha-\phi)(1-\alpha)\frac{1}{K}\right]\frac{\partial P}{\partial t}-\frac{\partial}{\partial x_i}\left(\rho\frac{K_m}{\mu}\frac{\partial P}{\partial x_i}\right)=-\rho\alpha\frac{\partial \varepsilon_{vol}}{\partial t} \tag{7-6}$$

式中，ρ 流体密度，kg/m^3；C_f 为流体压缩系数，Pa^{-1}；ϕ 为岩石孔隙度，无因次；α 为 Biot 有效应力系数，无因次；K 为岩石的体积模量，即岩石压缩系数的倒数，Pa；P 为孔隙压力，Pa；t 为时间，s；x_i 为区域长度，m；K_m 为基质渗透率，m^2；μ 为流体黏度，$Pa·s$；ε_{vol} 为岩石的体积应变，无因次。

在局部热平衡条件下，忽略流体做功和黏滞耗散作用对传热的影响，则多孔介质内流体与岩石的热量传递方程为

$$C_{p,\text{eff}}\frac{\partial T}{\partial t}+\rho C_{pf}\frac{\partial (Tu_i)}{\partial x_i}+\frac{\partial}{\partial x_i}\left(-\lambda_{\text{eff}}\frac{\partial T}{\partial x_i}\right)=Q \tag{7-7}$$

式中，$C_{p,\text{eff}}$ 为等效体积定压比热容，$J/(m^3·K)$；λ_{eff} 为等效导热系数，$W/(m·K)$；C_{pf} 为流体的定压比热容，$J/(m^3·K)$；T 为岩石温度，K；u_i 为流体在多孔介质内的流速，m/s；Q 为热量源汇项，W/m^3。为了考虑岩石和流体性质，$C_{p,\text{eff}}$ 和 λ_{eff} 由体积平均模型定义：

$$C_{p,\text{eff}}=\rho_r C_{pr}(1-\phi)+\rho C_{pf}\phi \tag{7-8}$$

$$\lambda_{\text{eff}}=\lambda_r(1-\phi)+\lambda_f\phi \tag{7-9}$$

式中，ρ_r 为岩石密度，kg/m^3；C_{pr} 为岩石定压比热容，$J/(m^3·K)$；λ_r 为岩石导热系数，$W/(m·K)$；λ_f 为流体导热系数，$W/(m·K)$。

根据模型假设，岩石在外力作用下发生线弹性变形，结合 Biot 孔隙弹性理论，采用爱因斯坦标记（Einstein notation），其变形本构方可表示为[6]

$$\sigma_{ij}=\lambda_L\varepsilon_{vol}\delta_{ij}+2G\varepsilon_{ij}-\alpha P\delta_{ij} \tag{7-10}$$

式中，σ_{ij} 为应力分量，无因次（拉应力为正，压应力为负）；λ_L 为拉梅第一常数，Pa；G 为拉梅第二常数或剪切模量，Pa；δ_{ij} 为克罗内克符号，无因次；ε_{ij} 为应变分量，无因次。

考虑岩石受热膨胀，本构方程变为

$$\sigma_{ij}=\lambda_L\varepsilon_{vol}\delta_{ij}+2G\varepsilon_{ij}-\alpha P\delta_{ij}+3\alpha_T K(T-T_0)\delta_{ij} \tag{7-11}$$

式中，α_T 为岩石线性热胀系数，K^{-1}；T 为岩石温度，K；T_0 为岩石初始温度，K。

使用杨氏模量（或弹性模量）E 和泊松比 ν 对本构方程中的拉梅常数等进行代换：

$$\sigma_{ij}=\frac{E\nu}{(1+\nu)(1-2\nu)}\varepsilon_{vol}\delta_{ij}+\frac{E}{1+\nu}\varepsilon_{ij}-\alpha P\delta_{ij}+\frac{E}{1-2\nu}\alpha_T(T-T_0)\delta_{ij} \tag{7-12}$$

连续损伤力学认为随着岩石单元节点应力的增加，当其应力或应变满足某个特定的损伤准则时，则该单元节点发生破坏(损伤)。本节采用最大拉应力准则和Mohr-Coulomb 准则，当单元节点的应力状态满足最大拉应力准则时，该节点发生拉伸破坏；当单元节点的应力状态满足 Mohr-Coulomb 准则时，该节点发生剪切破坏：

$$F_t = -(\sigma_3 - \alpha P) - \sigma_t \tag{7-13}$$

$$F_s = (\sigma_1 - \alpha P) - \frac{1 + \sin\varphi}{1 - \sin\varphi}(\sigma_3 - \alpha P) - \sigma_c \tag{7-14}$$

式中，F_t、F_s 分别为最大拉应力准则函数和 Mohr-Coulomb 准则函数；σ_1、σ_3 分别为最大和最小主应力，Pa；φ 为内摩擦角，rad；σ_t、σ_c 分别为岩石抗拉强度和单轴抗压强度，Pa。

根据弹性损伤理论，单元节点发生损伤时，其对应的弹性模量变为[16]

$$E = (1 - D)E_0 \tag{7-15}$$

式中，E、E_0 分别为岩石弹性模量和岩石初始弹性模量，Pa；D 为损伤变量，无因次，其定义式为[17]

$$D = \begin{cases} 1 - \left(\dfrac{\varepsilon_{t0}}{\varepsilon_t}\right)^2, & F_t \geqslant 0, F_s < 0 \\ 0, & F_t < 0, F_s < 0 \\ 1 - \left(\dfrac{\varepsilon_{c0}}{\varepsilon_c}\right)^2, & F_t < 0, F_s \geqslant 0 \end{cases} \tag{7-16}$$

式中，ε_{t0} 为应力状态达到最大抗压强度时对应的最大压缩主应变，无因次；ε_{c0} 为应力状态达到最大拉伸强度时对应的最大拉伸主应变，无因次；ε_t 为等效主拉应变，无因次；ε_c 为等效主压应变，无因次。

岩石发生损伤后，其弹性模量降低，孔隙度与渗透率随之发生变化，可用式(7-17)和式(7-18)表示[16]：

$$\phi = \phi_0 + (\phi_f - \phi_0)D \tag{7-17}$$

$$K_a = K_0 \left(\frac{K_f}{K_0}\right)^D \tag{7-18}$$

式中，ϕ_0 为岩石基质的初始孔隙度，%；ϕ_f 为岩石破坏后产生裂缝的孔隙度，%；K_0 为岩石基质的初始渗透率，mD；K_f 为岩石破坏后产生裂缝的渗透率，mD；K_a 为岩石基质渗透率，mD。

根据上述数学模型，建立液氮压裂热-流-固耦合的有限元模型，并采用 COMSOL Multiphysics 求解器求解。几何模型及网格划分如图 7-15 所示，模拟区域为长度 L 的正方形，井筒位于中心位置。为简化计算，利用对称性，取模型 1/4 区域为计算区域，因而模型的长度和宽度为 $L/2$。初始条件设置如下：岩石初始温度为常温；井底初始温度与注入流体温度相等，为 T_{in}；原始地层孔隙压力 P_r 等于初始井底压力 P_w，即在初始时刻 $P_w = P_r = P_0$（P_0 为初始压力）。边界条件设置：模型的上边界受最小地应力作用，右边界受最大地应力作用，下边界和左边界均为滑移边界，井筒边界载荷为井筒压力；假设采用恒定体积流量注入，因而井筒渗流边界条件为速度边界条件，其余外边界为不渗透边界；除井筒边界外，其余边界为绝热边界。

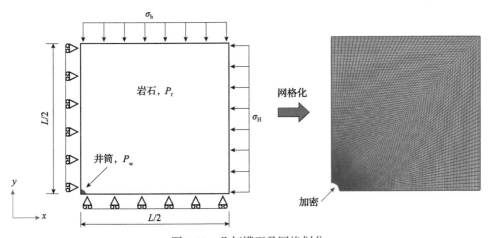

图 7-15 几何模型及网格划分

模型计算参数如表 7-7 所示，井筒参数、岩石物性和流体物性与上述型煤压裂试验一致，裂缝渗透率 K_f 采用试验测得的压后岩样裂缝渗透率，模型考虑了液氮物性随温度、压力条件的变化。由于岩样初始温度为室温，清水压裂型煤建立的是流固耦合模型。

表 7-7 热-流-固耦合模型计算参数

项目	参数	数值	单位
	井筒半径	0.008	m
井筒参数	初始压力	0.1	MPa
	初始温度	77	K

项目	参数	数值	单位
岩石物性	岩石长度 $L/2$	0.15	m
	岩石宽度 $L/2$	0.15	m
	岩石初始孔隙度	0.092	
	岩石初始渗透率	0.27×10^{-15}	m^2
	岩石初始温度	293.15	K
	初始孔隙压力	0.1	MPa
	岩石密度	1490	kg/m^3
	恒压比热容	800	$J/(kg \cdot K)$
	热传导系数	2.5	$W/(m \cdot K)$
	线性热胀系数	6.22×10^{-6}	K^{-1}
	弹性模量	2.84	GPa
	泊松比	0.18	
	Biot 有效应力系数	0.53	
	最大水平主应力 σ_H	8	MPa
	最小水平主应力 σ_h	5	MPa
	内摩擦角	30	(°)
	单轴抗压强度	18.16	MPa
	单轴抗拉强度	1.23	MPa
流体物性	液氮	注入流体温度	77	K
		黏度*	0.158×10^{-3}	$Pa \cdot s$
		密度*	807	kg/m^3
		恒压比热容*	2040	$J/(kg \cdot K)$
		热传导系数*	0.14	$W/(m \cdot K)$
	清水	注入流体温度	293.15	K
		黏度	1×10^{-3}	$Pa \cdot s$
		密度	1000	kg/m^3

*参数温压条件分别为77K，1个标准大气压。

二、液氮压裂热-流-固耦合与岩石损伤特征

为了验证数值模型的准确性，利用上述试验结果与数值模拟结果进行对比。由表 7-8 可知，液氮压裂和清水压裂数值模型预测的起裂压力与试验数据吻合较

好，且液氮压裂与清水压裂型煤均为拉伸破坏模式。

表 7-8　起裂压力的试验值与模拟值对比分析

类型	试验测量/MPa	数值模拟/MPa	误差/%	F_t	F_s	破坏方式
液氮压裂	8.8	8.91	1.3	>0	<0	拉伸破坏
清水压裂	10.7	10.6	1	>0	<0	拉伸破坏

　　液氮压裂和清水压裂裂缝起裂时的压力、应力和温度分布如图 7-16 所示。分析发现在液氮压裂过程中，随着低温压裂液的注入，井筒周围岩石形成较大的温度梯度，渗流场和应力场与清水压裂均存在明显差异。液氮压裂岩石的井筒周围形成了较大范围的高孔隙压力区，表明液氮在压力作用下渗入岩石微孔中，形成了连通的孔隙网络。液氮的持续注入，有助于岩石中天然裂缝的扩展延伸，进而形成复杂的三维裂缝网络，对于致密储层造缝有重要意义[18]。液氮压裂岩石的应力场分布是流体压力与热应力叠加的结果，其最大主应力明显大于清水压裂。液氮压裂起裂时，岩石整体处于拉应力状态，说明流体压力和热应力叠加后诱导的拉应力大于地应力对岩石产生的压应力，使附近岩石更易达到裂缝扩展的条件，而对于清水压裂，地应力控制作用较强。此外，还可以发现液氮与岩石的热交换作用对流体的渗流路径也有显著影响。

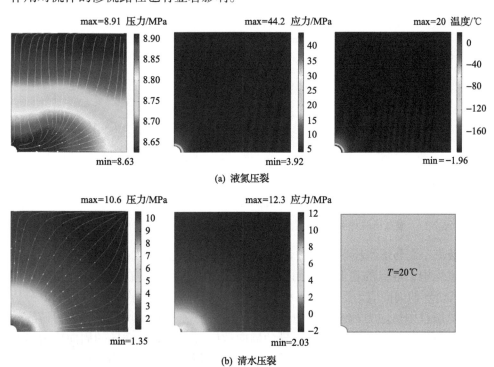

图 7-16　液氮压裂和清水压裂裂缝起裂时的压力、应力和温度分布云图

　　液氮压裂和清水压裂裂缝起裂时的孔隙度、渗透率和弹性模量分布如图 7-17 所示。如前所述,当岩石内部的应力状态满足最大拉应力准则或 Mohr-Coulomb 准则时,岩石则发生拉伸破坏或剪切破坏,形成裂缝或破坏损伤区。由图 7-17 可知,液氮压裂与清水压裂损伤区主要集中在最大水平主应力方向,因此裂缝在水平方向开始起裂,并向地层深处扩展。液氮压裂形成的损伤区域($D>0$,占计算区域的 35%)明显大于清水压裂($D>0$,占计算区域的 0.8%)。此外,数值模拟也表明液氮压裂在近井地带形成了热损伤区($D>0.8$,占计算区域的 0.7%),可显著劣化岩石物性(弹性模量从 2.84GPa 降低到 0.05GPa),提高储层渗透率,形成近井高渗通道,定量解释了上述试验结果。

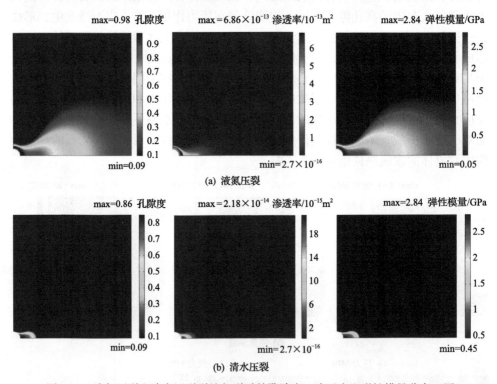

图 7-17　液氮压裂和清水压裂裂缝起裂时的孔隙度、渗透率和弹性模量分布云图

　　液氮压裂与清水压裂型煤井周周向应力时空演化规律如图 7-18 所示。液氮压裂过程中,液氮的超低温作用引发井周岩石收缩变形,在井筒附近形成拉应力,其诱导的周向应力远大于清水压裂[图 7-18(a)和(b)]。图 7-18(c)和(d)分析了液氮压裂中热应力和流体压力诱导的周向应力分布演化特征,热应力诱导的周向拉应力显著大于流体压力诱导的周向拉应力。热应力诱导的周向应力沿井筒径向方向急剧降低至远场稳定值,并在距离井筒 0.01m 处由拉应力转变为压应力,说明地应力控制作用逐渐增强,应力状态的转变点随着时间的推移有向

地层深处延伸的趋势。

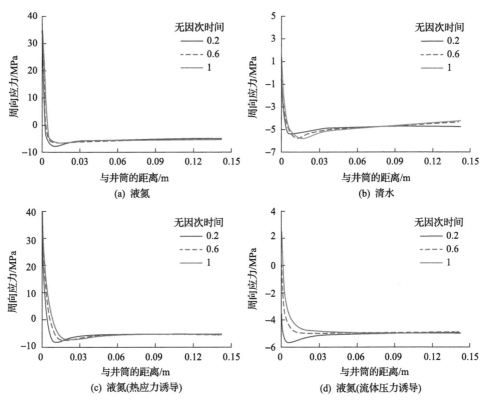

图 7-18　沿最大水平主应力方向井周周向应力随时间的变化规律
无因次时间定义为当前时间与裂缝起裂时间之比

三、液氮压裂的造缝机理与优势

综合上述试验与数值模拟研究工作，液氮压裂的裂缝网络是由"近井筒热损伤区（热应力微裂缝）+主裂缝+天然裂缝"组成，其形成过程见图 7-19。

液氮压裂的造缝机理与优势概况总结如下。

（1）热应力对降低裂缝起裂和扩展压力起重要作用。主要原因在于：一是液氮注入井筒急剧冷却井周储层岩石，使其体积收缩并产生拉应力。热应力诱导的井周周向拉应力远大于流体压力诱导的井周周向拉应力，有利于降低裂缝起裂压力，且造成大面积岩石损伤破裂。二是液氮与储层岩石之间的热交换会改变流体渗流场和岩石应力场，流体压力和热应力叠加后诱导的拉应力大于远场地应力对岩石产生的压应力，使附近岩石更易满足裂缝扩展准则。三是热应力诱导产生的微裂缝和孔洞，有助于原始裂隙的扩展与连通，增加近井地带储层渗透率，构建水力裂缝-天然裂缝-热应力微裂缝的网络体系。

(a) 压裂初期：注入液氮诱导热应力微裂缝

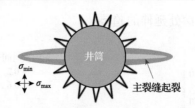
(b) 不断提高液氮注入压力：诱导主裂缝起裂

(c) 持续注入液氮：裂缝扩展与延伸

图 7-19　液氮压裂造缝过程

（2）温压变化引起的液氮相变可进一步促进裂缝扩展与缝网的形成。液氮在缝内发生热弹性膨胀，加速裂缝扩展，促进主裂缝与天然裂缝沟通，同时降低岩石摩擦系数、促进剪切滑移。

（3）液氮黏度低，易于进入次级裂缝，促进缝网形成，提高储层改造效率。

液氮压裂在低渗透非常规油气资源、深部地热资源的储层改造方面具有独特的优势，是一种高效的、环境友好的新型缝网压裂技术。本章所得到的结论与认识希望可以为现场实际压裂施工提供理论依据与试验基础。

参 考 文 献

[1] Huang P P, Huang Z W, Yang Z Q, et al. An innovative experimental equipment for liquid nitrogen fracturing[J]. Review of Scientific Instruments, 2019, 90(3): 036104.

[2] ASTM. Standard Practice for Making and Curing Concrete Test Specimens in the Laboratory: ASTM C192/C192M-16a[S]. Conshohocken: ASTM International, 2016.

[3] Yang R Y, Hong C Y, Huang Z W, et al. Liquid nitrogen fracturing in boreholes under true triaxial stresses: Laboratory investigation on fractures initiation and morphology[J]. SPE Journal, 2020, 26(1): 135-154.

[4] Guo T K, Zhang S C, Zou Y S, et al. Numerical simulation of hydraulic fracture propagation in shale gas reservoir[J]. Journal of Natural Gas Science and Engineering, 2015, 26: 847-856.

[5] Liu Y L, Xu H, Tang D Z, et al. The impact of the coal macrolithotype on reservoir productivity, hydraulic fracture initiation and propagation[J]. Fuel, 2019, 239: 471-483.

[6] Fjar E, Holt R M, Raaen A M, et al. Petroleum Related Rock Mechanics[M]. Amsterdam: Elsevier, 2008.

[7] Moore J, Allis R, Simmons S S, et al. Utah FORGE: Final Topical Report 2018[R]. USDOE Geothermal Data Repository (United States): Energy and Geoscience Institute at the University of Utah, Salt Lake City, 2018.

[8] Hubbert M K, Willis D G. Mechanics of hydraulic fracturing[J]. Transactions of the AIME, 1957, 210(1): 153-168.

[9] Zoback M D, Rummel F, Jung R, et al. Laboratory hydraulic fracturing experiments in intact and pre-fractured rock[J]. International Journal of Rock Mechanics and Mining Sciences & Geomechanics Abstracts, 1977, 14(2): 49-58.

[10] Zhang Y S, Zhang J C, Yuan B, et al. In-situ stresses controlling hydraulic fracture propagation and fracture breakdown pressure[J]. Journal of Petroleum Science and Engineering, 2018, 164: 164-173.

[11] Yang S, Ranjith P G, Jing H, et al. An experimental investigation on thermal damage and failure mechanical behavior of granite after exposure to different high temperature treatments[J]. Geothermics, 2017, 65: 180-197.

[12] Cha M, Alqahtani N B, Yao B, et al. Cryogenic fracturing of wellbores under true triaxial-confining stresses: Experimental investigation[J]. SPE Journal, 2018, 23(4): 1271-1289.

[13] Yang R X, Huang Z W, Shi Y, et al. Laboratory investigation on cryogenic fracturing of hot dry rock under triaxial-confining stresses[J]. Geothermics, 2019, 79: 46-60.

[14] Xu Y F, de Araújo Cavalcante Filho J S, Yu W, et al. Discrete-fracture modeling of complex hydraulic-fracture geometries in reservoir simulators[J]. SPE Reservoir Evaluation & Engineering, 2017, 20(2): 403-422.

[15] Yang R X, Huang Z W, Li G S, et al. A semianalytical approach to model two-phase flowback of shale-gas wells with complex-fracture-network geometries[J]. SPE Journal, 2017, 22(6): 1808-1833.

[16] Tang C, Tham L G, Lee P K K, et al. Coupled analysis of flow, stress and damage(FSD) in rock failure[J]. International Journal of Rock Mechanics and Mining Sciences, 2002, 39(4): 477-489.

[17] Zhu W C, Tang C A. Micromechanical model for simulating the fracture process of rock[J]. Rock Mechanics and Rock Engineering, 2004, 37(1): 25-56.

[18] Watanabe N, Egawa M, Sakaguchi K, et al. Hydraulic fracturing and permeability enhancement in granite from subcritical/brittle to supercritical/ductile conditions[J]. Geophysical Research Letters, 2017, 44(11): 5468-5475.